U0320476

中国耕地地力演变与可持续管理

（稻田卷）

张会民　柳开楼　马常宝　黄晶等　著

中国农业出版社

北　京

图书在版编目（CIP）数据

中国耕地地力演变与可持续管理．稻田卷／张会民
等著．—北京：中国农业出版社，2023.10
　　ISBN 978-7-109-31186-2

　　Ⅰ.①中… Ⅱ.①张… Ⅲ.①水稻土－土壤评价－中
国 Ⅳ.①S159.2

中国国家版本馆 CIP 数据核字（2023）第 191422 号

ZHONGGUO GENGDI DILI YANBIAN YU KECHIXU GUANLI.
DAOTIANJUAN

中国农业出版社出版

地址：北京市朝阳区麦子店街 18 号楼
邮编：100125
策划编辑：贺志清
责任编辑：史佳丽　贺志清
版式设计：王　晨　　责任校对：张雯婷
印刷：北京通州皇家印刷厂
版次：2023 年 10 月第 1 版
印次：2023 年 10 月北京第 1 次印刷
发行：新华书店北京发行所
开本：880mm×1230mm　1/32
印张：6.75
字数：200 千字
定价：80.00 元

著 者 名 单

主　　著：张会民　柳开楼　马常宝　黄　晶

副 主 著：李冬初　韩天富　刘淑军　刘立生

　　　　　张　璐　李亚贞

著　　者（按姓名笔画排序）：

　　　　　王新宇　艾　栋　申　哲　白怡婧

　　　　　曲潇琳　朱晓艳　刘平丽　孙　耿

　　　　　李继文　李　寒　何小林　余　泓

　　　　　张九兰　张　俊　周玲红　施林林

　　　　　都江雪　梁　丰　蔡岸冬　樊红柱

　　　　　樊剑波

前　言

　　水稻是全球主要的粮食作物，它养活了全球一半以上的人口，我国有 60％以上的人口以大米为主食。由于水稻在生长过程中需要大量水热资源，致使水稻栽培广泛分布在我国南方地区，也因此形成了主食以"南米北面"为主的格局。随着人口的增长，大米需求也不断增加，但提高水稻单产并非易事。因此，为了满足人们日益增长的需求和确保粮食安全的主动权，水稻栽培在我国北方也得到了迅速发展。

　　水稻土是指在长期淹水种稻条件下，受到人为活动和自然成土因素的双重作用，而产生水耕熟化和氧化与还原交替，以及物质的淋溶、淀积，形成特有剖面特征的土壤。自新中国成立以来，在广大农业科技工作者的努力下，我国水稻土的地力水平得到了显著提升，对水稻单产和总产稳居世界第一和筑牢粮食安全根基作出了重要贡献。特别是 20 世纪 80 年代以来，在国家农业主管部门的支持下，建立了涵盖水稻土在内的全国耕地质量监测平台，为系统了解耕地质量演变规律和提出培肥对策提供了支撑。截至 2022 年，基于全国耕地质量监测平台，国内科技工作者已经发表了一系列学术论文，并出版了《30 年耕地质量演变规律》等专著，也为《全国耕地质量等级情况公报》提供了数据支持。同时，有力助推了全国的化肥减量增效行动，对于第三次全国土壤普查的顺利开展和实施也提供了参考经验。然而，由于我国耕地资源类型多样，基于全国耕地质量监测平台的耕地质量研究包含了黑土、潮土、水稻土和红黄壤等土壤类型，尚缺乏专一的稻田土壤耕地质量尤其稻田耕地地力方面的研究专著，特撰写此书，为全国从事稻作区相关研究的专家和农业主管部门提供参考和指导。

自 2016 年以来，为更好地实施"十三五"国家重点研发计划课题"高产稻田的肥力变化与培肥耕作途径"，著者团队联合农业农村部耕地质量监测保护中心，深入分析了全国耕地质量监测平台中水稻土的长期监测数据（1988 年至 2020 年），系统归纳和总结了全国主要稻作区土壤 pH、有机质（碳）、氮、磷、钾、中微量元素、水稻产量、产量潜力、秸秆养分资源、肥料利用率和综合肥力的时空变化规律，在此基础上，进一步创新提出了基于产量比的水稻土地力分级方法，并以农业行业标准《水稻土地力分级与培肥改良技术规程》（NY/T 3955—2021）于 2021 年 11 月 09 日发布、2022 年 05 月 01 日开始实施。为了方便国内外同行和国内稻作区农业主管部门的领导专家系统借鉴和参考，著者们在发表相关论文的基础上，进一步梳理逻辑思路和精炼语言文字，现形成了《中国耕地地力演变与可持续管理（稻田卷）》，以飨读者。

本书主要研究和出版工作得到了"十三五"国家重点研发计划（2016YFD0300901）、国家自然科学基金（41671301）和中国农业科学院科技创新工程等项目资助。

在本书出版之际，谨向全国耕地质量监测平台的数据监测、采集和管理人员，参与撰写、修改并付出艰辛劳动的各位同事，以及支持本研究的各位前辈、领导和相关合作单位表示衷心的感谢和诚挚的敬意。

由于著者水平有限，书中不足之处在所难免，个别观点也有待进一步深入研究和探讨，敬请读者批评指正。

著　者

2023 年 8 月 18 日

目 录

前言

第一章

耕地质量监测体系概况

第一节 国外耕地质量监测体系

长期以来，美国和英国等发达国家在耕地质量建设与保护方面进行了诸多探索和实践，建立了相对完善的技术指导体系和农业政策补贴体系。我国属于发展中国家，虽然也在耕地质量建设与保护方面进行了大量研究和试验示范，但与美英等发达国家相比还存在较大差距。特别是近年来，随着生态理念的不断深化，以及土壤有机质（碳）、土壤健康等问题的出现，耕地质量越来越多地受到人们的关注。系统地归纳和总结发达国家的耕地质量监测体系和成效，对我国耕地质量监测体系建设的指导和完善具有重要意义。

一、美国耕地质量监测体系

保护私人拥有土地的一切合法权利是美国的立法基础。从法律意义讲，美国政府无权要求农场主如何保护耕地，无权直接要求农场主不得利用耕地进行房地产开发等项目。因此，美国没有类似于我国《土地管理法》这样的专门法律来统一规范土地和耕地管理。在美国，1935 年通过的《土壤保护法》、1936 年通过的《土壤保护和国内配额法》和 1956 年政府提出的《土壤储备计划》，都是通过诸如鼓励实施短期和长期休耕来减少对耕地破坏，进行土壤和耕地的保护。依据这些法律，美国政府从扶持和引导等方面入手，开展耕地保护补偿、农业信贷支持、关键技术推广补贴等旨在保护农业用地和提升耕地质量等方面的工作，并长期坚持土壤调查等基础性工作，相关做法和经验值得借鉴。

（一）依据《农业法案》加强耕地保护

《农业法案》是耕地保护的依据。美国有关农业立法与预算批复密切相关，经国会批准发布的《农业法案》，就是包括耕地保护工作在内的所有农业工作的法律依据。《农业法案》从 20 世纪 30 年代美国经济大萧条时代开始实施，每 5 年更新颁布 1 次。尽管美国不同时期《农业法案》侧重点不同，但其核心目标是通过对农业实施干预和补贴，促进农业生产，保持美国农业的竞争力。

（二）政府通过购买耕地开发役权保护耕地

目前，美国政府主要是通过向耕地所有者购买其开发役权，来保证耕地在一定时期内只能用于农业生产，从而起到保护耕地的目的。美国第一个耕地使用权购买计划诞生于 1974 年纽约州的沙福克郡，到 1996 年新《农业法案》授权自然资源保护局开展耕地保护役权项目，联邦政府正式开始以保留役权或其他农田部分权利的形式保护耕地。买断耕地开发役权后，农场主仍是土地所有者，可以将土地买卖或赠予他人，但对土地的使用权限于耕作或者作为休憩用地。

（三）耕地保护项目由非政府中介组织具体实施

在耕地保护项目实施过程中，美国农业部自然资源保护局的工作人员不直接与农场主打交道，而是由非政府组织的中介机构与农场主具体实施。自然资源保护局选择有条件的中介机构实施该项目，有计划地向优质耕地农场主购买耕地的开发役权，购买资金由耕地保护项目资金与中介机构各承担 50% 左右，农场主通过直接获取货币或税费减免等形式获得经济补偿。由于该项目属于保护耕地等自然资源性质，能够得到社会的认可和支持，中介机构不以获利为目的，可以得到相关企业和机构赠资，用于补贴购买资金。从美国实践看，耕地开发权转让有以下优点：一是耕地开发权转让是基于市场机制的土地政策。可有效避免社会福利的损失和经济效率的降低，也不会由于利益集团和政治需要而迫使耕地用途发生改变，实践证明保护效果更好。二是耕地开发权转让能极大减少政府监控耕地保护目标的成本。政府要做的只是不给已经买走耕地开发权的地块发放城市建筑许可，剩下的就只需要监控城市违规建设，大量减少了土地发展监控额外的负担和成本。三是占用耕地需提前补偿。当开发商需要占用耕地时，要支付耕地开发权转让费，这个耕地开发权转让价格实际上是对"发送区"土地拥有者可以继续从事农业生产而不将土地用于开发的补偿。需要说明的是，美国的耕地保护制度很复杂，农业部内部有多个管理部门参与管理，难以具体明确其分工，一切工作以批准的预算法案为依据。联邦政府和州政府间耕地保护工作也没有必然的联系，都是从各自层面依据批准的法案开展相关工作。但是，保护耕地的宗旨是确定的，相关法案的实施也是持续的。

（四）美国耕地质量监测体系建设情况

美国耕地质量监测体系的建设历程可以追溯到 20 世纪初。20世纪初至 20 世纪中期为第一个阶段，在这个阶段，美国开始认识到土壤是农业生产的基础，因此开始进行一些土壤调查和研究工作。美国农业部成立了一些农学实验站和研究中心，开始研究土壤质量和肥力等方面的问题（潘文博等，2017）。第二个阶段从 20 世纪中期开始，该阶段以建立和维护土壤调查网络为重点。在 1950年，美国农业部的国家资源保护服务中心成立了一个全国性的土壤调查网络，并开始对美国的土壤进行系统的调查和评估。这个网络通过标准化的方法和程序，收集土壤样本并进行实验室测试，以评估土壤的质量和特性。第三个阶段从 20 世纪后期开始，该阶段主要是发展了土地利用和土地覆盖监测技术和方法。美国地质调查局启动了土地覆盖监测计划，通过卫星遥感技术和地面调查，监测和评估土地利用和土地覆盖的变化，为监测和评估耕地的状况提供了重要的数据和工具。

基于上述的调查网络和监测技术的建设，美国农业研究局和农业大学系统等机构在耕地质量监测方面进行了大量的科学研究和技术创新。他们研究土壤管理、肥料利用、作物选择和农业实践等方面的问题，为提高土壤质量和农业生产效率提供了重要的信息和方法。同时，美国的耕地质量监测体系不仅收集和管理大量的数据，还通过各种方式共享这些数据。这些数据对于农民、农业政策制定者、土地规划师和研究人员等利益相关者来说，是做出决策和制定政策的重要依据（田有国、许发辉，2003）。

目前，美国的耕地质量监测体系在许多方面取得了显著的成效，一是耕地管理改进。通过土壤调查和研究，农民和农业专家可以了解土壤的特性和质量状况，从而改进耕地管理和施肥实践。这有助于提高土壤质量，增加农作物产量，减少土壤侵蚀和水源污染等问题。二是可持续农业发展。耕地质量监测体系为可持续农业发展提供了基础。通过研究和创新，推广可持续的土壤管理和农业实践，有助于减少土地退化、保护生态系统，并提高农业的长期可持续性。三是决策支持和政策制定。耕地质量监测体系提供了数据和信息，支持农业政策制定者、土地规划师和决策者做出明智的决策。这些决策可以促进农业生产、环境保护和可持续土地利用之间的平衡。总的来说，美国的耕地质量监测体系通过数据收集、科学研究和政策支持，为改善耕地质量、推动可持续农业发展和土地保护做出了重要贡献。这个体系在农业生产、环境保护和农村可持续发展方面发挥着关键的作用。

二、英国耕地保护的经验与启示

（一）英国高度重视耕地质量监测评价和建设保护工作

经过多年的研究与实践，英国探索出了合理的耕作制度，形成了科学的监管方法体系，建立了系统的法规（指令）体系。既具有悠久历史的长期定位监测，又具有覆盖生态的网络体系监测；既建立了科学的区域耕地质量评价方法，又建立了实用的评价成果应用体系；既利用法律法规约束农场主保护耕地，又通过激励机制引导农场主保护耕地，这为英国农业的可持续发展和生态建设等奠定了坚实的基础。

以英格兰自然署监测网络、环境变化监测网络和农场主施肥调查网络三大监测体系为重点，耕地质量监测呈现综合化。英国更倾向于在广义层面认识和理解耕地，不仅将其视作生产资料，也视作生态环境的重要组成部分。耕地质量明确定义为自然资源的一部分，不仅对土壤质量、水质量、空气质量产生影响，更广泛影响着经济、环境和社会等。影响耕地质量的因素包括农民的管理理念、农业生产实践、工业和区域污染、自然灾害、政策法律等。

英国耕地质量监测主要有三大体系：一是英格兰自然署监测网络，包括长期监测（主要监测生物种类、保护地等）、效果监测（政策法律执行情况）、机动监测（针对具体问题开展的监测），重点监测土壤、空气、植被、生物多样性等。在长期监测网络中，共设有185个土壤样点，平均每6～9年开展1次土壤样品采集与检测，旨在掌握土壤质量特性和外界条件对土壤质量的影响。二是环境变化监测网络，共涵盖11个陆地监测站点和46个水环境监测站点，主要是分析环境变量之间，以及包括土壤在内的生态系统组成部分之间的关系，旨在为解决水土污染、生物多样性下降、全球气候变暖等一系列环境问题提供支撑。三是农场主施肥调查网络，从20世纪40年代开始启动实施，由政府资助，重点调查农场主化肥、农家肥等施用情况，以加强对耕地投入品监管，为开展硝酸盐风险区评价、土壤养分平衡测算、农场主施肥方法决策等提供依据，推进耕地质量保护工作。总的来看，英国耕地质量监测网络设计不仅呈现系统化特征，而且监测内容更加综合化、监测方法更加多样化。

（二）以耕地生产能力和土壤健康为重点，耕地质量评价呈现科学化

英国根据区域气候条件、地形地貌、土壤理化和生物特性等，在苏格兰和英格兰均建立了耕地质量评价体系，开发了简便、易操作、实用性强的应用系统，以指导农场主从事生产实践。苏格兰采用麦考利系统对耕地生产能力进行等级划分，用于评价耕地质量水平，这对于耕地资源的优化利用具有非常重要的意义。麦考利系统根据土壤生产潜力和种植作物等，将耕地划分为7个等级，1级最高、7级最低。1级指能够生产绝大部分作物且维持高产的耕地；2级指能够生产绝大部分作物且单位面积产量稍微低于1级耕地；3级指能够生产多种作物且保持较好产量水平的耕地；4 级指适合生产有限作物的耕地；5 级指仅适合草地改良或粗放放牧的土地；6 级指只能用作粗放放牧的土地；7 级指农业价值非常有限的土地。麦考利系统能直观体现耕地资源的利用价值，通常也作为农场主进行土地交易时的价值参考。英格兰形象地用胡萝卜数量表示土地生产力大小，他们在关注耕地质量的同时，开始关注土壤健康。目前一些科研机构正开展土壤健康评价体系研究，开发评价工具。如英国国家农业植物研究所正在开发 VESS（Visual Evaluation of Soil Structure）系统，通过观察土壤结构、蚯蚓数量，检测土壤 pH、有机质、有效磷、速效钾和有效镁等指标，调查土壤管理等信息，对以上数据进行综合评分，提出耕地合理利用建议，以提升土壤健康水平。

（三）以农田生态建设和农业科技推广为重点，耕地质量建设呈现系统化

英国十分注重耕地质量建设和保护工作，推进绿色发展。实际上，英国绿色发展也经历了一个渐进的过程，20 世纪 50 年代前后曾出现严重环境污染，经过 30 多年综合治理，至 20 世纪 80 年代得到有效改善。他们通过在耕地、草地周边种植树篱和花草缓冲带，以减缓风力、水力等对耕地土壤的侵蚀，同时又带来田间生物的多样性，进而减少作物病虫害，减少农药施用，通过生态建设带动了耕地质量建设与保护。英国政府通过实施"绿色发展计划"，推广可再生能源、农药安全管理、综合养分管理、多样性种植、休耕轮作、保护性耕作、树篱和杂草隔离带、花类间作等技术，支持农村改善环境，维护生物多样性，保护自然资源，促进农业可持续发展。如今，绿色发展已经成为全民的共识。很多农场通过与农业咨询公司合作，实行保护性耕作与轮作有机结合，精细管理农场土地，不仅使作物产量不断增加，耕地质量明显提高，而且还节约了劳动力和生产成本。

（四）以欧盟共同农业政策框架和国内补贴政策为重点，耕地质量保护呈现制度化

为不断促进农业和乡村发展，提升农业竞争力，英国政府执行欧盟共同农业政策框架,如执行欧盟化肥及粪肥使用政策框架:硝酸盐指令、欧盟水框架指令、欧盟地下水指令等。一方面用法律法规约束农场主行为,加强耕地质量保护。如设置了硝酸盐脆弱区,为降低农业硝酸盐污染风险,还制订了硝酸盐脆弱区化肥粪肥使用条例,禁止在地表水、树篱 2m 范围内施用氮肥;禁止在地表水 10m 范围内,在泉水、井水 50m 范围内施用粪肥等。另外,砂质土壤的耕地禁止在 8 月 1 日至 12 月 31 日,其他类型的耕地禁止在 10 月 1 日至次年 1 月 31 日期间施用高氮含量的农家肥。另一方面创设激励补贴机制,引导农场主加强耕地质量保护。英国基于欧盟共同农业政策和世界贸易组织的规则,先后出台了"基本支付计划""绿色计划""乡村发展计划"等系列农业补贴政策。"基本支付计划"主要用于支持农场发展生产,条件是农场规模不低于 5hm²,必须永久种植作物或草,保护地力;支持方式是直接补贴,补贴金额与耕地质量相匹配(按照高、中、低 3 个等级给予补贴),40 岁以下的农民可以获得额外的补贴。"绿色计划"致力于引导农场主多样化种植,如拥有 10~30hm² 耕地的农场主至少种植 2 种不同作物;拥有 30hm² 以上耕地的农场主至少种植 3 种不同的作物。同时还设置和规定了一系列环境监管规则,鼓励农场主发展风能、太阳能、水利、生物质能等可再生能源,并给予补贴。"乡村发展计划"是英国农业补贴政策的"第二支柱",通过控制农业生产过程中水、氮肥和农药的耗费,以及加强对污水、牲畜粪便、牲畜残骸的科学处理,尽最大可能地降低农业环境成本。补贴金额则与其是否达到政府规定的农业生产标准相挂钩。

(五)以洛桑长期定位试验和土壤样品库为代表,耕地质量基础研究呈现长期化

英国洛桑研究所是世界上开展耕地质量长期定位监测试验最早的机构,该所于 1843 年开始陆续建立了 8 个田间试验站,长期定位研究肥料、轮作、品种、植保等对土壤肥力和农作物产量的影响。其中 7 个试验一直延续至今,已经有 150~177 年的历史。洛桑研究所档案馆保存了自试验开始以来总计超过 30 万份的土壤、植株和肥料样品。耕地质量基础研究长期连续积累的数据和样品十分宝贵，不仅为研究土壤肥力演变、物种入侵和环境变化等长期性问题提供了数据支撑，还为短期性研究如作物病虫害对历史环境变化的响应提供了原始材料。例如，2003 年科学家从 1843 年收集的小麦样本中提取了两种病原体 DNA，从而揭示了工业二氧化硫排放对哪一种病原体影响更大。过去 170 多年来，科学技术突飞猛进，但是长期定位试验并没有因此而过时，这些试验为验证新的科学问题提供了重要工具，为农学、土壤学、植物营养学、生态学与环境科学的发展作出了重要贡献，对探索农业的可持续性同样具有重要指导意义，故被称为"经典试验"。英国洛桑研究所长期定位试验研究结果启示我们，农业生态系统中很多过程进展缓慢，环境条件也在不断发生难以预测的变化，而长期定位试验能够揭示农业生态系统长期变化之趋势，是短期试验所无法获得或替代的。

（六）以行业协会和大公司开展技术推广为重点，农业科技推广呈现市场化

英国农业系统没有专门的技术推广机构，主要依托协会、企业等市场化手段进行科技成果转化，基本上形成了"科研＋公司＋行业协会＋农场主"的技术研发与推广应用模式。基于过去 60～70 年在不同地区的数据收集和样品分析，克兰菲尔德大学制作了英格兰和威尔士的土壤类型图软件，该软件功能十分强大，不仅可以查询不同地区的土壤类型、土壤质地、排水性、肥力状况等数据，而且还可根据这些指标推荐适宜本地区或农场播种的作物、施肥量等，以实现科研更好为农业生产服务的目的。英国东茂林研究所主要从事栽培、植保、育种、贮藏、植物生理和植物繁殖等方面的研究工作。近年来，随着英国政府资助经费的下降，该研究所主动与咨询公司、农业合作社、大型农场等机构合作，既可以获得经费继续进行科研工作，还能为这些客户解决实际问题，实现科研与应用更紧密、更有效地结合（谢建华等，2020）。

第二节 国内耕地质量监测体系

耕地是粮食生产的命根子，是粮食安全的基石。习近平总书记多次强调，粮食生产的根本在耕地，必须牢牢守住耕地保护红线，要像保护大熊猫一样保护耕地。"十四五"作为"两个一百年"历史交汇点、脱贫攻坚到乡村振兴的历史转移点，又恰逢百年未有之大变局，粮食安全在经济发展与社会稳定中的战略地位更加凸显。国家"十四五"规划中明确指出要深入实施"藏粮于地"战略，坚持最严格的耕地保护制度，强化耕地数量保护和质量提升；建设国家粮食安全产业带，实施高标准农田建设工程，实施黑土地保护工程等。2020 年中央经济工作会议中，首次将解决好耕地问题作为年度经济工作重点任务单独列出，党中央对耕地问题的重视程度达到前所未有的高度。党的二十大提出的保障粮食安全和绿色低碳发展战略，必须统筹管理耕地的粮食产能、土壤质量和生态服务功能。

我国耕地质量评价历史悠久，早在 2000 多年前就有按土壤色泽、性质、水分状况来识别土壤肥力和分类的记载。在《尚书·禹贡篇》和《管子·地员篇》中也有关于黄河流域及长江中下游土壤分类评价的实际记载，将天下九州的土壤分为三等九级，根据土壤质量等级制定赋税，这可能是世界上最早的关于土壤质量评价的记载（林蒲田，1996；闵宗殿，1989；鲁明星等，2006）。在几千年的农业社会中，耕地定级估价的理论与实践都有大的发展。而较为系统的耕地评价始于新中国成立后。比如，1986 年，原农牧渔业部的土地管理局和中国农业工程研究设计院等单位依据国内外土地评价理论和在各地试点经验的基础上，研究制定了《县级土地评价技术规程（试行草案）》，主要以水、热、土等自然条件为评价因素，划分耕地自然生产潜力的差别，以定性评价为主。1989 年 8月，原国家土地管理局制定了《农用土地分等定级规程》（征求意见稿），并在土地管理部门的组织下在全国选择 6 个试点县进行了耕地分等定级工作。1996 年，农业部颁布了农业行业标准《全国耕作类型区、耕地地力等级划分》，把全国划分为 7 个耕地类型区、10 个耕地地力等级（中华人民共和国农业部，1996；付国珍等，2015；田有国，1996）。1996—1998 年，农业部在全国开展了 10 个省的耕地基础地力分等定级试点工作，取得了一批成果。这种评价方法就是收集整理所有相关历史数据资料和现状资料，以县为单位建立耕地资源基础数据库和耕地资源管理信息系统，建立国家耕地质量评价指标总集，各地结合实际，选择当地的耕地质量评价指标，利用经过数字化的标准县级土壤图和土地利用现状图，确定评价单元，对每个评价单元和每个评价指标进行赋值，利用隶属函数法对数据进行标准化，并采用层次分析法确定每个因素的权重，最后进行综合评价并纳入到国家耕地质量等级体系。

从 2002 年开始，农业部在全国范围内启动了耕地地力调查和质量评价工作。以《耕地地力调查与质量评价技术规程》（NY/T 1634—2008）和《全国耕地类型区、耕地地力等级划分》（NY/T 309—1996）为依据，以耕地土壤图、土地利用现状图、行政区划图叠加形成的图斑为评价单元，从立地条件、耕层理化性状、土壤管理、障碍因素和土壤剖面性状等方面综合评价耕地质量水平。2013—2014 年，农业部组织力量对全国耕地地力调查与质量评价结果进行汇总分析，将各县（区、市、旗、团、场）耕地地力水平归入全国统一的耕地质量等级体系，划分出一至十等级耕地数量及分布，首次发布《全国耕地质量等级情况公报》，在总结原有县域耕地质量评价工作经验的基础上，农业部制定了农业行业标准《耕地质量划分规范》（NY/T 2872—2015）。经过进一步细化，制定发布了国家标准《耕地质量等级》（GB/T 33469—2016）。虽然我国耕地质量监测工作取得了一系列的重大进展，但是与美英等发达国家相比，仍存在较大差距。在今后工作中建议从以下几个方面进一步提升耕地质量监测体系成效。

一、增强农民耕地质量保护主体意识

农民是耕地的直接使用者，他们的意识和行为直接决定耕地质量保护的实施效果。美英等发达国家的农民整体素质较高，传承轮作、休耕等悠久的历史传统，因地制宜推广应用保护性耕作等先进实用技术，使耕地质量得到较好保护。而我国农民过分追求作物高产，过量施用化肥农药等，耕地使用短期行为较多，耕地质量保护意识不强。因此，增强农民耕地质量保护的主体意识和主体责任，让耕地质量保护与农民的切身利益挂钩，打通耕地质量保护"最后一公里"，是实现耕地质量保护与提升的重要支撑。为此，要加强舆论宣传，利用各种媒介普及相关政策、法律法规和科技知识，全面提高农民对耕地质量保护重要性、紧迫性的认识，增强广大农民保护和提高耕地质量的积极性与主动性；要强化政策引导，进一步完善耕地地力保护补贴政策，强化耕地质量评价成果应用，将耕地质量等级变化与地力保护补贴、土地流转费用等挂钩，引导广大农民群众自觉保护和提高耕地质量（谢建华等，2020）。

二、完善耕地质量监测评价体系

耕地质量监测评价是耕地质量建设保护的基础。目前，我国耕地质量监测体系还不健全，国家级耕地质量监测点仅有1344个，与国家耕地质量监测总体规划设计的目标尚有较大差距。国家耕地质量监测点是全面掌握耕地质量动态演变情况的基础。因此，建议我国加快国家耕地质量监测网络建设，完善耕地质量监测体系，为推动耕地质量建设保护工作提供有力的数据支撑（辛景树等，2008；徐明岗等，2016）。我国最早的耕地质量监测点建立于20世纪70年代，距今只有50年的历史，与洛桑试验站相比，我国耕地质量长期定位监测工作相对不成熟，监测成果应用水平较低。因此，建议打造一批耕地质量长期定位观测研究试验站和一批耕地质量长期定位监测点，建立国家土壤样品库，全面掌握全国耕地质量演变状况、耕地质量存在突出问题及综合治理的对策措施。随着国家推进生态文明建设，耕地质量监测也要逐步向地表水、地下水、投入品等生态指标拓展，向土壤动物、土壤微生物等土壤健康指标拓展，完善耕地质量评价体系，为耕地质量评价和生态文明建设提供基础数据。同时要建立耕地质量数据库，用大数据开展耕地质量评价，提高耕地质量评价成果对农业生产的指导应用。

通过检索中国知网数据库发现，1980—2022 年，有关耕地质量的学术论文合计 498 篇。利用 VOSviewer 软件对文章关键词进行了研究热点分析。关键词共现图谱（图 1-1）的结果表明，所有关键词共有 65 个节点，其中节点最大的是"耕地质量"，其他依次为"土地利用"、"耕地保护"、"农用地等级"、"空间分布"、"土地整理"、"监测"等，其中"土地利用"是第二大节点，属于较重要的一个研究专题。

基于关键词知识图谱中的 272 条连线，梳理出耕地质量研究的两个主要方向，一个方向是产量—土地流转—土壤养分—土壤肥力—对策—影响因素—空间分异—等级评价—耕地质量—耕地资

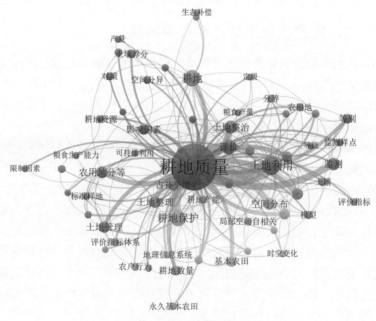

图 1-1　全国耕地质量监测研究热点

注：圆形节点大小与频数呈正比，下同。

源—高标准农田，该方向主要从土壤养分和肥力角度，探讨耕地质量的空间变化和影响，从而为耕地资源利用和高标准农田建设服务。另一方向为农用地—分等—占补平衡—可持续利用—土地整治—土地评价—定级—整治—粮食产量—耕地质量评价，该方向主要是宏观方面研究，从农用地分等定级的角度，研究占补平衡和土地整治对粮食产量的贡献。

三、加强耕地质量建设保护

耕地质量建设保护是当前耕地质量管理的重中之重。英国注重生态系统推进耕地质量建设，实现了耕地质量生态建设与先进科技推广应用的有机结合。我国耕地质量区域性问题较多、较为复杂，耕地质量建设保护的难度较大。要充分借鉴英国生态建设的理念，加强田间基础设施建设，特别是建设高标准农田时，不仅要加强田、路、渠、电等建设，也要充分发挥树篱、隔离带等作用，推进农田生态建设。要强化退化耕地治理，加快制定退化耕地治理规划，加强土壤改良、培肥地力、轮作休耕等综合技术集成，突出土壤酸化、沙化、盐渍化等退化耕地治理，实现耕地质量建设由"改形"向"改质"的根本性转变。要加强耕作制度研究，因地制宜推广应用留高茬宽窄行轮换种植、保护性耕作等先进的耕作制度，注重免耕、少耕、轮耕、深松．秸秆还田和化学除草等技术的集成，提高耕地质量建设效果。同时要加强耕地投入品的监管，重点是强化对化肥、有机肥、农药、农膜、灌溉水和地下水的监测管理。

四、构建耕地质量保护法律政策体系

法律法规是约束行为主体的最好手段。英国执行欧盟的共同农业政策框架，出台硝酸盐指令、水框架指令、地下水指令和可持续使用农药指令等，从耕地投入品到耕地质量本身都有明确的指令条文，对于违反指令的实行严格的惩罚机制，并与农业补贴相挂钩，较好地约束了农场主的行为。而我国尽管《土地法》《农业法》《基本农田保护条例》等均在部分条款中对耕地质量建设保护有所规定，但缺乏系统性、针对性和可操作性，且农民违反规定受到的惩罚较轻，法律约束力不强。因此，要加快制定一部耕地质量建设保护法规，明确责任主体，建立耕地质量建设投入机制、耕地质量护养机制、奖惩机制，规范耕地质量保护、建设、监督管理等活动，强化对破坏耕地质量行为的禁止性规定。同时要学习借鉴英国耕地质量保护的激励机制，探索我国"以建代补、以奖促建，用养结合、监管并重"机制。

五、培育耕地质量技术推广应用市场

科技推广应用是实现科技成果转化的重要途径。由于英国没有农业技术推广机构，农业科技推广完全市场化。而我国具有较为完善的农业技术推广机构，在促进农业科技成果转化、提高其覆盖率和普及率上发挥着重要作用。为此，要强化农业技术推广体系建设，创新推广应用机制，借鉴英国农业科技推广经验，将农民的科技需求置于首位，构建侧重于应用的科研及成果评价体系，鼓励农业科研机构与农业推广、农业企业、专业协会、农户合作协作，建立专业技术人员、农民、企业广泛参与的多元化的农业技术推广队伍，加速农业科研与推广应用的融合，缩短创新技术与应用者的距离，以提高科技成果的转化率。

六、扩大国际合作与交流

我国是一个发展中的农业大国，在耕地质量和生态环境领域面临很多迫切需要解决的理论和技术问题，同时在破解这些问题的过程中，也积累了许多可供借鉴、参考、复制的做法和经验。为此，我们应本着"开放、联合、共享"的精神，积极参与国际重要规划计划和全球性问题研究，特别是加强与英国土壤环境变化监测网络、欧洲生态系统观测与试验研究网络、美国国家生态系统观测网络等的合作，加强与发达国家的互访交流，以寻求更多和更有效的破解问题的办法和措施。同时也要向外积极提供技术支持，特别是我国在耕地质量监测评价和建设保护方面积累的经验，用中国智慧和中国方案帮助发展中国家解决生产实践中的问题，不断提高我国在国际土壤环境生态领域的地位和影响力。

参考文献

付国珍，摆万奇.2015.耕地质量评价研究进展及发展趋势［J］.资源科学，37（2）：226-236.

林蒲田.1996.中国古代土壤分类和土地利用［M］.北京：科学出版社.

鲁明星，贺立源，吴礼树.2006.我国耕地地力评价研究进展［J］.生态环境（4）：866-871.

闵宗殿.1989.中国农史系年要录［M］.北京：中国农业出版社.

潘文博，宁鸣辉，任意，等.2017.美国耕地质量保护提升技术的经验与启示［J］.中国农技推广，33（3）：11-16.

徐明岗，卢昌艾，张文菊，等.2016.我国耕地质量状况与提升对策［J］.中国农业资源与区划，37（7）：8-14.

田有国，许发辉.2003.美国农业生态环境保护与节水农业经验借鉴［J］.世界农业（8）：31-33.

田有国.1998.耕地基础地力分等定级的方法与程序［J］.中国农技推广（6）：36-37.

谢建华，马常宝，董燕，等.2020.英国耕地质量监测保护工作及启示［J］.中国农业综合开发（3）：16-20.

辛景树，徐明岗，田有国，等.2008.耕地质量演变趋势研究［M］.北京：中国农业科学技术出版社.

徐明岗，卢昌艾，张文菊，等.2016.我国耕地质量状况与提升对策［J］.中国农业资源与区划，37（7）：8-14.

中华人民共和国农业部.1996.NY/T309—1996全国耕地类型区、耕地地力登记划分［S］.北京：中国标准出版社.

第二章

我国稻田资源现状

第一节　我国水稻发展历程

我国是水稻的起源地之一，稻作具有悠久的历史，自古以来在粮食生产中一直具有举足轻重的地位。20 世纪 70 年代，浙江余姚河姆渡 7 000 年前的稻作遗址被发现，这在当时是世界上最早的稻作遗存，极大地冲击了栽培水稻起源于印度的说法。后来中国又陆续发现了更早的稻作栽培遗址，比较重要的如 1988 年发现的湖南澧县的彭头山稻作遗址，距今 9 100 年；1995 年发现的湖南道县玉蟾岩稻作遗址，距今 12 000 年；江西万年仙人洞稻作遗址，距今 12 000 年。这些都是比较原始的稻作证据。中国史前时代的稻谷遗存，据初步统计有 100 余处。数量之多，年代之久远，居世界之首，令人惊叹！可以想象距今万年前的中国原始氏族人，正是在生长着普通野生稻的亚热带北缘的环境中，因为渔狩、采集食物的不足，备感生存压力。在采集野生稻谷粒作为食物补充的活动中，因稻粒自然脱落入土而后萌生的现象，从而尝试在群居地附近撒播野生稻谷粒，重复着收获、播种的过程，经漫长的驯化和选择，使普通野生稻逐渐演化为栽培稻。在古籍中有关水稻的记载也非常丰富，早在《管子》、《陆贾新语》等古籍中，就有公元前 27 世纪神农时代播种"五谷"的记载，而稻被列为五谷之首。

由于中国水稻原产于南方，稻米一直是长江流域及其以南人民的主粮。魏、晋南北朝以后经济重心南移，北方人口大量南迁，更促进了南方水稻生产的迅速发展。唐、宋以后，南方一些稻区进一步发展成为全国稻米的供应基地。唐代韩愈称"赋出天下，江南居十九"，民间也有"苏湖熟，天下足"和"湖广熟，天下足"之说，充分反映了江南水稻生产对于供应全国粮食需要和保证政府财政收入的重要。据《天工开物》估计，明末时的粮食供应，大米约占7/10，麦类和粟、黍等占 3/10，而稻米主要来自南方。黄河流域虽早在新石器时代晚期已开始种稻，但水稻种植面积时增时减，其比重始终低于麦类和粟、黍等。

一、水稻品种演变特征

中国是世界上水稻品种最早有文字记录的国家。《管子·地员》篇中记录了 10 个水稻品种的名称和它们适宜种植的土壤条件。以后历代农书以至一些诗文著作中也常有水稻品种的记述。宋代出现了专门记载水稻品种及其生育、栽培特性的著作《禾谱》，各地地方志中也开始大量记载水稻的地方品种，已是籼、粳、糯分明，早、中、晚稻齐全。到明、清时期，这方面的记述更详，尤以明代的《稻品》较为著名。历代通过自然变异、人工选择等途径，陆续培育的具有特殊性状的品种，有别具香味的香稻，特别适于酿酒的糯稻，可以 一年两熟或灾后补种的特别早熟品种，耐低温、旱涝和耐盐碱的品种，以及再生力特强的品种等。此外，参考制种方式，也可以将水稻分为常规稻和杂交稻。常规稻是指通过选育、提纯而留种并能保持品种特性特征，未经过杂交和转基因的原种水稻品种。而杂交稻则是指选用两个在遗传上有一定差异而优良性状能互相补充的水稻品种进行杂交，产生具有生长优势的新一代水稻品种。近年来我国杂交水稻种植面积约为 1 700 万 hm^2，超过水稻总面积的 50%。

二、水稻栽培技术发展过程

早期水稻的种植主要是"火耕水耨"。东汉时水稻技术有所发展，南方已出现比较进步的耕地、插秧、收割等操作技术。唐代以后，南方稻田由于曲辕犁的使用而提高了劳动效率和耕田质量，并在北方旱地耕、耙、耱整地技术的影响下，逐步形成一套适用于水田的耕、耙、耖整地技术。到南宋时期，《陈旉农书》中对于早稻田、晚稻田、山区低湿寒冷田和平原稻田等都已提出整地的具体标准和操作方法，整地技术更臻完善。

早期的水稻种植都采用直播。稻的移栽大约始自汉代，当时主要是为了减轻草害。以后南方稻作发展，移栽才以增加复种、克服季节矛盾为主要目的。移栽先需育秧。《陈旉农书》提出培育壮秧的 3 个措施是"种之以时"、"择地得宜"和"用粪得理"，即播种要适时、秧田要选得确当、施肥要合理。宋以后，历代农书对于各种秧田技术，包括浸种催芽、秧龄掌握、肥水管理、插秧密度等又有进一步的详细叙述。秧马的使用对于减轻拔秧时的体力消耗和提高效率起了一定作用，此外还发明了使用"秧弹"、"秧绳"以保证插秧整齐合格等。关于水田施肥的论述首见于《陈旉农书》。其中如认为地力可以常新壮、用粪如用药以及要根据土壤条件施肥等论点，至今仍有指导意义。在水稻施用基肥和追肥的关系上，历代农书都重基肥，因为追肥最难掌握。但长时期的实践经验使古代农民逐渐创造了看苗色追肥的技术，这在明末《沈氏农书》中有详细记述。

中国水稻的发展还与农田水利建设有密切关系。陕西省汉墓出土的陂池稻田模型中有闸门、出水口、十字形田埂等，生动地反映了当时稻田水源和灌溉的布局。在水稻灌溉技术方面，早在西汉《氾胜之书》中已提到用进水口和出水口相直或相错的方法调节灌溉水的温度。北魏《齐民要术》中首次提到稻田排水干田对于防止倒伏、促进发根和养分吸收的作用，为后世"烤田"技术的滥觞。南宋时楼璹作《耕织图》，其中耕图 21 幅，内容包括水稻栽培从整地、浸种、催芽、育秧、插秧、耘耥、施肥、灌溉等环节直至收割、脱粒、扬晒、入仓为止的全过程，是中国古代水稻栽培技术的生动写照。

水稻原产热带低纬度地区，要在短日照条件下才能开花结实，一年只能种植一季。自从有了对短日照不敏感的早稻类型品种，水稻种植范围就逐渐向夏季日照较长的黄河流域推进，而在南方当地就可一年种植两季以至三季。其方式和演变过程包括：利用再生稻，将早稻种子和晚稻种子混播，先割早稻后收晚稻；实行移栽，先插早稻后插晚稻，发展成一年两收的双季间作稻。从宋代至清代，双季间作稻一直是福建、浙江沿海一带的主要耕作制度，双季连作稻的比重很小。到明、清时代，长江中游已经以双季连作稻为主。太湖流域从唐宋开始在晚稻田种冬麦，逐渐形成稻麦两熟制，持续至今。为了保持稻田肥力，南方稻田早在 4 世纪时已实行冬季种植苕草，后发展为种植紫云英、蚕豆等绿肥作物。沿海棉区从明代起提倡稻—棉轮作，对水稻、棉花的增产和减轻病虫害都有作用。历史上逐步形成的上述耕作制度，是中国稻区复种指数增加、粮食持续增产，而土壤肥力始终不衰的重要原因。

第二节　我国主要稻作区分布

至今我国的稻作历史已发展几千年至万年，在我国，南自海南省三亚市，北至黑龙江省北部，东起台湾省桃源县，西抵新疆维吾尔自治区的塔里木盆地西缘，低如东南沿海的滩涂田，高至西南云贵高原海拔 2 700 m 以上的山区，凡是有水源灌溉的地方，都有水稻栽培。除青海省外，各省、自治区、直辖市均有水稻种植。中国水稻产区主要分布在长江中下游的湖南、湖北、江西、安徽、江苏，西南的四川，华南的广东、广西和台湾，以及东北三省。世界上稻作的最北端在我国黑龙江省漠河。我国稻作区划即以自然生态环境、品种类型与栽培制度为基础，结合行政区划，划分为下列 6 个稻作区和 16 个稻作亚区。

一、华南双季稻稻作区

本区位于南岭以南，包括广东、广西、福建、海南和台湾 5 省、自治区。

其中包括闽、粤、桂、台平原丘陵双季稻亚区、滇南河谷盆地单季稻稻作亚区和琼雷台地平原双季稻多熟亚区。本区≥10℃积温5 800～9 300℃，水稻生产季节260～365d，年降水量1 300～1 500mm。

本区稻作面积居全国第二位，约占全国稻作总面积的22%，品种以籼稻为主，山区也有粳稻分布。

二、华中单双季稻稻作区

本区位于南岭以北和秦岭以南，包括江苏、上海、浙江、安徽的中南部、江西、湖南、湖北、重庆和四川9省、直辖市，以及陕西和河南两省的南部。其下划分为长江中下游平原单、双季稻亚区、川陕盆地单季稻两熟亚区和江南丘陵平原双季稻亚区。本区稻作面积约占全国稻作总面积的57%，其中的江汉平原、洞庭湖平原、鄱阳湖平原、皖中平原、太湖平原和里下河平原等地历来都是我国著名的稻米产区。

本区≥10℃的积温4 500～6 500℃，水稻生产季节210～260d，年降水量700～1 600mm。早稻品种多为常规籼稻或籼型杂交稻，中稻多为籼型杂交稻，连作晚稻和单季晚稻为籼、粳型杂交稻或常规粳稻。

三、西南单双季稻稻作区

本区位于云贵高原和青藏高原，包括湖南省西部、贵州省大部、云南省中北部、青海省、西藏自治区和四川省甘孜藏族自治州。又划分为3个亚区：黔东湘西高原山区单、双季稻亚区、滇川高原岭谷单季稻两熟亚区和青藏高寒河谷单季稻亚区。本区稻作面积约占全国稻作面积的8%。

该区≥10℃的积温2 900～8 000℃，日照数800～1 500h，水稻垂直分布带差异明显，低海拔地区为籼稻，高海拔地区为粳稻，中间地带为籼粳稻交错分布区。水稻生产季节180～260d，年降水量500～1 400mm。

四、华北单季稻稻作区

本区位于秦岭、淮河以北，长城以南，包括北京、天津、河北、山东和山西等省、直辖市及河南省北部、安徽省淮河以北、陕西省中北部、甘肃省兰州以东地区。其下划分为华北北部平原中早熟亚区和黄淮平原丘陵中晚熟亚区。稻作面积约占全国稻作面积的3%。

本区≥10℃的积温 4 000～5 000℃，无霜期 170～230d，年降水量 580～1 000mm，降水量年际间和季节间分配不均，冬、春季干旱，夏、秋季雨量集中。品种以粳稻为主。

五、东北早熟单季稻稻作区

本区位于黑龙江省以南和长城以北，包括辽宁省、吉林省、黑龙江省和内蒙古自治区东部。其下划分为黑吉平原河谷特早熟亚区和辽河沿海平原早熟亚区。稻作面积约占全国稻作面积的9%。

本区≥10℃的积温 2 000～3 700℃，年降水量 350～1 100mm。稻作期一般在4月中下旬或5月上旬至10月上旬。品种类型为粳稻。

六、西北干燥区单季稻稻作区

本区位于大兴安岭以西，长城、祁连山与青藏高原以北地区，包括新疆维吾尔自治区、宁夏回族自治区、甘肃省西北部、内蒙古自治区西部和山西省大部。其下划分为北疆盆地早熟亚区、南疆盆地中熟亚区和甘、宁、晋、蒙高原早中熟亚区。稻作面积约占全国稻作面积的1%。

本区≥10℃的积温 2 000～4 500℃，无霜期 100～230d，年降水量 50～600mm，大部分地区气候干旱，光能资源丰富，主要种植早熟粳稻。

第三节　我国稻田生产力现状

我国水稻种植分布区域以南方为主，水稻生产越来越向优势区域集中。近年来，我国水稻生产逐步向长江中下游和黑龙江水稻产区集中。2015—2019 年水稻产量每年 1 000 万 t 以上的省份有：江苏省、安徽省、湖北省、广东省、广西壮族自治区、四川省；水稻产量每年上 2 000 万 t 的省有：黑龙江省、江西省、湖南省，其中黑龙江省和湖南省产量连续几年都在 2 600 万 t 以上。党的十八大以来，围绕"守底线、优结构、提质量"的总体目标，我国水稻播种面积稳中有升，2021 年保持在 29 921.2km²。我国粮食产量始终保持在 6 500 亿 kg 以上，2021 年全国稻谷产量 21 285 万 t，比上年增加 10 万 t，增长 0.5%（图 2-1）。

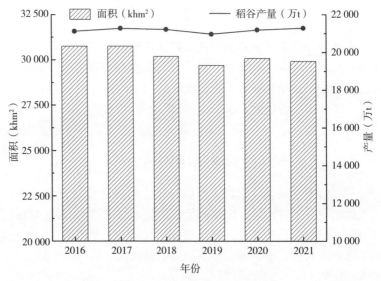

图 2-1　全国水稻面积和产量变化

　　守住国家粮食安全底线，保障好初级产品供给是一个重大战略性问题，中国人的饭碗任何时候都要牢牢端在自己手中，饭碗主要装中国粮。全国各地各部门要有合理布局，主产区、主销区、产销平衡区都要保面积、保产量。耕地保护要求要非常明确，18 亿亩[①]

---

　　① 亩为非法定计量单位，1 亩=1/15hm²≈667m²。——编者注

耕地必须实至名归，农田就是农田，而且必须是良田。随着未来我国农业供给侧结构性改革的深入，我国大米消费量将持续提高，稻谷产量将波动变化，向供求平衡的方向发展。

第四节 我国水稻土质量要素研究进展

一、水稻土酸化研究热点解析

近年来，伴随着我国农田酸化进程加快和面积的不断扩大，土壤酸化问题已成为土壤环境领域的研究重点和热点，相关科研文献也越来越多。基于研究水稻土的相关文献，以酸化、pH 为关键词，在中国知网数据库检索了 298 篇（1980—2022 年）。利用 VOSviewer 软件对文章关键词进行了研究热点分析。关键词共现图谱（图 2-2）的结果表明，所有关键词共有 48 个节点，136 条连线，当前研究人员关注的核心焦点主要包括 4 个方面，一是氮肥

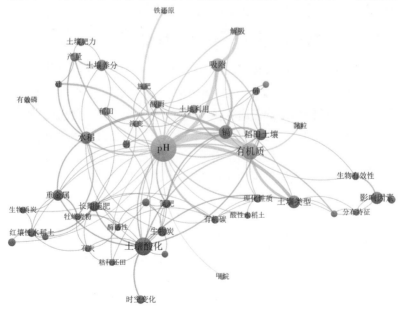

图 2-2 水稻土酸化研究关键词共现知识图谱

施用导致的土壤酸化时空变化特征、与重金属的关系及相关的酸化改良措施，改良措施主要为石灰、生物炭、秸秆还田、牡蛎壳等；二是酸化与水稻产量和土壤养分等之间的关系；三是土壤酸化—有机质—吸附等；四是土壤酸化—影响因素—土壤类型—生物有效性等。

近40年研究人员通过对比土壤普查数据、开展长期施肥及淋溶试验等，从特征规律、机理机制、模型分析、环境效应、微生物机制到科学阻控等逐渐深入，逐步阐明农田土壤酸化的演变规律、土壤酸化机理及危害，充分认识到当前我国农田酸化的严峻性和改良研究的急迫性。尽管酸化研究取得了一系列进展，学科发展也不断深化，但当前仍有相当部分地区酸沉降未得到有效控制，集约化生产下氮肥的施用仍然维持较高水平，人为活动对水稻土酸化加速持续存在，因此，水稻土酸化研究领域有待进一步深入研究，未来的发展方向主要是水稻酸害阈值的探索与验证，酸化改良技术的改善与创新，以及科学阻控机理的挖掘与阐释。

二、水稻土有机质研究热点解析

基于中国知网数据库，以稻田（水稻土）、有机质（碳）为关键词，共计检索出1980—2022年公开发表的相关学术论文1 231篇，绘制了关键词共现图谱（图2-3），结果表明，土壤有机质的研究节点共有60个，其中最大的节点为甲烷，其他依次为有机质、氧化亚氮、产量、土壤养分、施肥、土壤肥力、氨挥发、有机肥、秸秆还田、温室气体等。土壤甲烷和氧化亚氮出现的频次分别位居第一和第三，说明温室气体研究是土壤有机质研究领域的热点专题。

进一步基于关键词知识图谱中的316条连线梳理出土壤有机碳研究的4个主要方向：第一个方向是聚焦产量和土壤肥力提升，立足双季稻和太湖地区，探讨紫云英等有机肥和耕作方式对土壤肥力、增温潜势和经济效益的影响；第二个方向则围绕长期施肥、生物炭和保护性耕作，研究土壤养分和土壤团聚体变化规律；第三个方向重点以甲烷、二氧化碳和氧化亚氮等温室气体为核心，探讨施肥、减排措施、水分管理和秸秆还田对土壤固碳减排的效果；第四个方向则是碳氮交互方面的研究，以水分控制、灌溉和施肥为主要手段，研究分析土壤有机质在降低氮磷流失等面源污染方面的作用和效果。

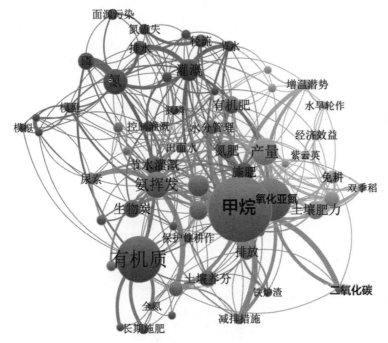

图 2-3　水稻土有机质研究关键词共现图谱

三、水稻土氮素研究热点解析

通过检索中国知网数据库发现，1980—2022 年，有关稻田肥力和氮相关的学术论文合计 1 409 篇。利用 VOSviewer 软件对文章关键词进行了研究热点分析。关键词共现图谱（图 2-4）的结果表明，所有关键词共有 52 个节点，其中节点最大的是"氮"和"甲烷"，其他依次为"氨挥发"、"产量"、"施肥"、"秸秆还田"、

"生物炭"、"有机碳"和"土壤肥力"等。

　　基于关键词的知识图谱存在 266 条连线，可有效梳理出土壤肥力与氮相关研究的 4 个主要研究方向。一是涉及温室气体排放及损失的稻田氮素的相关研究，包含的主要关键词有"甲烷—氧化亚氮—氨挥发—秸秆还田"等；二是基于稻田氮素的迁移路径，包括"灌溉—排水—氮流失—径流—渗漏排水"等主要关键词；三是基于稻田氮素对水稻生产力及土壤培肥方面的研究，包括"产量—土壤肥力—有机碳—施肥—生物炭—土壤养分"等关键词；四是基于稻田生物多样性的相关研究，关键词包括"杂草、多样性、群落结构"等。因此，通过对稻田氮素知识图谱的解读，进一步从上述 4 个不同角度阐述了稻田氮素是驱动耕地地力提升和生态功能的关键肥力要素。

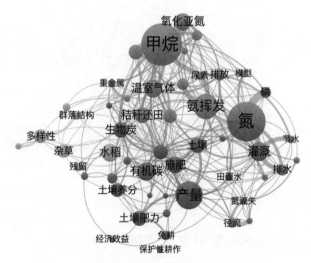

图 2-4　水稻土氮素研究关键词共现知识图谱

四、水稻土磷素研究热点解析

　　以中国知网学术期刊数据库为数据源。采用主题方式进行检索，检索词设定为"土壤磷"，检索时间设置为 1980—2022 年，共检索并筛选获得相关文献 1 453 篇。运用 VOSviewer 软件对文章关键词进行了研究热点分析。关键词共现图谱（图 2-5）的结果表明，所有关键词共有 55 个节点，其中节点最大的是"磷"和"甲烷"，其他依次为"灌溉"、"氧化亚氮"、"产量"、"施肥"、"氨挥发"、"生物炭"和"节水灌溉"等。基于关键词的知识图谱存在 293 条连接线，梳理得出围绕土壤磷开展的研究主要包括以下 3 个方面。第一是关于磷肥等不同施肥措施下氨挥发、甲烷和氧化亚氮温室气体排放特征，以及优化温室气体减排的施肥管理措施；第二是磷肥等肥料施用对水稻产量、土壤肥力和经济效益的比较分析；第三是关于氮磷径流、渗漏等面源污染防控的研究。

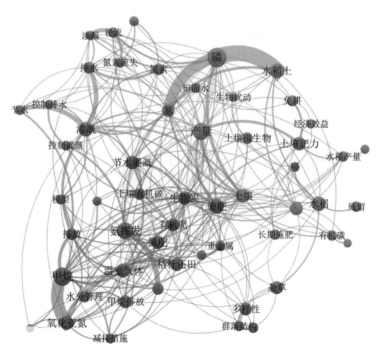

图 2-5　水稻土磷素研究关键词共现知识图谱

五、水稻土钾素研究热点解析

利用中国知网学术期刊数据库，以"土壤钾"为主题检索出1980—2022年发表的相关文献106篇。图2-6显示，土壤钾研究的关键词共现图谱共有28个节点，其中节点最大的是"钾"，其次为"产量"、"氮"、"磷"、"秸秆还田"、"盐胁迫"、"钾素"、"养分积累"和"基因型"等。进一步分析发现，各关键词之间存在66条连接线，通过梳理连接线表明，水稻土钾素研究方面主要集中在3个方向：一是围绕氮磷钾相互作用，研究配施钾肥下作物基因型差异和秸秆还田等措施对作物养分积累和经济效益及肥料利用率的影响；二是探讨干湿交替、稻草还田等管理措施下水稻产量的影响，并重点研究钾在土壤和植物体内的周转过程；三是以盐胁迫为侧重点，聚焦作物基因型差异，明确钾肥施用在作物根系和钾素吸收方面的作用机制和效果。

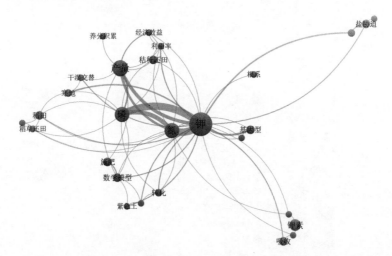

图2-6 水稻土钾素研究关键词共现知识图谱

综上研究表明，在1980—2022年间，我国在水稻土质量要素研究领域蓬勃发展，其中在土壤酸化、有机质、氮磷钾等方面均形成了一系列研究热点，对于深入了解水稻土肥力演变规律提供了扎实的理论支撑。但是，由于我国水稻土分布广泛，且由于不同区域的稻作模式也存在较大差异，关于全国尺度上水稻土的酸化特征、有机质和氮磷钾等肥力指标的变化特征仍缺乏系统总结和认识。

参考文献

袁隆平 . 2020. 中国杂交水稻发展简史［M］. 天津：天津科学技术出版社 .

张卫建，张俊，张会民，等 . 2021. 稻田土壤培肥与丰产增效耕作理论和技术［M］. 北京：科学出版社 .

中国水稻研究所和国家水稻产业技术研发中心 . 2021. 2021 年中国水稻产业发展报告［M］. 北京：中国农业科学技术出版社 .

第三章

全国水稻土质量监测平台
和数据分析方法

　　土壤培肥是保障国家粮食丰产的基础，更是实现"藏粮于地"的重要途径。因此，土壤肥力与作物产量提升关系密切。有研究表明，在化肥施用量相同的情况下，提高土壤肥力可以明显促进作物增产。在我国，由于高产水稻品种的大力推广，以及不合理施肥及粗放管理措施的影响，导致稻作区的水稻土肥力不断消耗，已经严重影响了作物增产。在高产目标的驱动下，土壤肥力的下降将大幅增加化肥投入量，而提升土壤肥力则可以有效降低水稻产量对外源肥料的依存率，所以，面对化肥施用"零增长"的目标，通过提高土壤肥力来保证作物高产就显得十分重要。如何培肥土壤是进一步实现"藏粮于技"的关键，而培肥土壤的首要目标即是明确土壤肥力的演变规律。

　　稻田土壤肥力的变化是一个缓慢、长期的演变过程，短期的肥效试验难以揭示其演变规律；长期的肥料定位监测研究，有利于监测耕地质量的动态变化过程和作物产量的潜在变化趋势，从而形成培育和维持优质耕地的相应科学对策和技术措施，是土壤肥料科学技术发展与创新的基础性工作。20世纪80年代以来，随着我国化肥工业的迅猛发展，农村劳动力的大量转移，只注重化肥的投入，忽视了有机肥的投入；只注重农田的利用，轻视了农田土壤的养护，从而导致我国稻田存在因耕作管理不善诱导的有机质质量下降、酸化、养分失衡，红壤旱地存在有机质累积慢、酸化加剧、养分矿化率低、土壤结构差等次生障碍问题，已引起社会各界的普遍关注。如何科学、准确、有效地回答这些问题，已成为农业科研工作者和农业生产部门的迫切需求。为此，以农田施肥长期定位试验为基础，监测施肥对土壤、作物的长期影响，探讨"肥料—土壤—作物"间的内在关系，对丰富和发展我国土壤改良学、植物营养学、养分管理学等学科具有重要的理论意义，对提高农田养分管理水平、提高耕地质量、维持作物高产稳产、带动农业固碳减排等具有重要的实践意义。

第一节　全国科研机构建立的水稻土长期施肥定位试验

　　水稻等作物的高产稳产与土壤肥力具有密切的关系，改善土壤的肥力状况是保障作物高产的重要途径之一。因此，研究我国稻作区的土壤肥力演变规律，构建适宜稻作区应用推广的土壤培肥技术和配套技术模式，对保证国家稻谷安全和促进农业可持续发展都具有重要的战略意义。

　　正是基于以上原因，我国科研工作者已开展了一系列关于稻作区土壤肥力演变规律和土壤培肥技术的研究。目前稻作区已形成了15个40年以上的土壤肥料及耕作长期定位试验，各长期试验的具体分布见表3-1，且主要集中在南方稻作区。已经对不同施肥、耕作及轮作措施的作物增产效果、土壤肥力演变规律、农田养分循环和平衡、环境效应等进行了较为系统的研究，在探讨我国稻作区土壤肥力演变规律及建立配套土壤培肥技术模式等方面积累了大量的原始数据和研究载体。

表 3-1　我国主要水稻土长期施肥试验分布

序号	单位	起始时间	种植模式	地点	小区面积（m²）
1	江苏省沿江地区农业科学研究所	1979	大麦/棉花—小麦/水稻—蚕豆/玉米	江苏省如皋市薛窑镇	16.8

（续）

序号	单位	起始时间	种植模式	地点	小区面积（m²）
2	四川省农业科学院	1981	水稻—小麦	四川省遂宁市船山区	13.3
3	西南大学	1991	小麦/油菜—水稻	重庆市北碚区	120
4	湖北省农业科学院	1981	小麦—水稻	湖北省武汉市武昌区	40
5	中国科学院桃源农业生态试验站	1990	早稻—晚稻	湖南省桃源县	33.2
6	湖南省土壤肥料研究所	1981	早稻—晚稻	湖南省望城县黄金乡	66.7
7	中国农业科学院衡阳红壤实验站	1975	早稻—晚稻	湖南省祁阳市文富市镇	27
8	贵州省农业科学院	1995	小麦/油菜—水稻	贵州省贵阳市小河区	201
9	苏州市农业科学院	1980	小麦—水稻	江苏省苏州市	20
10	中国科学院常熟农业生态实验站	1990	小麦—水稻	江苏省常熟市	20
11	浙江省农业科学院	1989	早稻—晚稻—大麦大麦—水稻	浙江省海宁	300
12	江西省农业科学院	1984	早稻—晚稻	江西省南昌市南昌县	33.3
13	江西省红壤及种质资源研究所	1981	早稻—晚稻	江西省南昌市进贤县	46.7
14	中国科学院红壤生态实验站	1990	早稻—晚稻	江西省鹰潭市余江区	30
15	福建省农业科学院	1983	早稻—晚稻单季稻	福建省闽侯县白沙镇	12

以上定位试验管理规范，每个处理均设有 3 次重复，且小区之间均进行了水泥田埂隔离，各个长期试验均有科研实力较为雄厚的省级或国家级科研单位管理，且有专门的监测人员负责管理。作物产量和土壤理化性质观测较为系统，历年数据较为完善。同时，均对历年的土壤样品进行了保存。

但由于施肥量均为 20 世纪 80～90 年代的标准，远远落后于当前的农业生产实际。且有机肥配施处理的有机肥用量为额外添加的，没有考虑与化肥处理的氮磷钾等养分的等量换算。再加上较多的监测指标集中在土壤化学性质方面，关于土壤物理和微生物等指标的监测较少。

第二节 我国水稻土长期定位监测平台

自 20 世纪 80 年代中期开始，在第二次全国土壤普查之后，国家农业部门开始了全国耕地质量长期定位监测工作。历经起步探索（1988—1997 年）、规范发展（1998—2003 年）、完善提升（2004—2015 年）、稳步推进（2016—）4 个阶段。全国水稻土长期定位监测平台的建设情况如下：

一、监测点的设置

监测点设置覆盖了全国主要水稻种植区，自 1988 年开始，在全国水稻种植区域稻田土壤监测点共设置了 338 个监测点，根据水稻监测点分省（自治区、直辖市）分布情况，结合自然地理区域，本研究监测点位按照数量高低，分布于长江中游（111 个）、长江下游（82 个）、华南（80 个）、西南（47 个）和东北（18 个）。在全国稻田总的 338 个土壤监测点中，有 140 个为长期定位监测点，其中长江中游、长江下游、华南、西南和东北分别有 52 个、29个、31 个、22 个和 6 个。

二、监测点选址要求

监测点选择在基本农田保护区特别是高标准农田，或特色优势农产品基地内，并远离城镇建设用地规划预留区。监测点应具有相对固定的位置，避免受非农建设和其他农田调整、改造、开挖等破坏表面耕层活动的影响。监测点一经设定，应保持其相对稳定。因特殊情况确需变动，需报农业主管部门审核备案后，重新择地建设。

三、监测点处理设置

监测点在田间处理上设置不施肥区（空白区）和常规措施区（农田常年田间管理）两个处理，目的是通过监测施肥和不施肥引起的产量差异来计算施肥效应。为了防止常规措施区的肥料进入无肥区，在常规措施区和无肥区之间采取了适当的隔离措施。在不施肥区处理中，小区面积在 34～67 m² 之间，用水泥板或其他材料做隔板，防止肥、水横向渗透。水泥板一般高 60～80 cm，厚 15 cm，埋深 30～50 cm，露出地面 30 cm。不施肥区处理考虑了灌、排水问题，并防止污染，使土壤水分状况与常规措施区保持一致。常规措施区面积不小于 334 m² 或直接用相邻大田定点观测。监测点以当地主要种植制度、种植方式为主，耕作、栽培等管理方式、施肥水平、作物产量等能代表当地一般水平。不施肥区和常规措施区除施肥不一样外，其他措施均一致。

监测点各处理不设重复，各地根据情况可适当增加其他处理。各处理除施肥不同外，其他措施均必须保持一致，以当地主要种植制度、种植方式为主，耕作、栽培等管理方式、水平应能代表当地水平，监测区不能施用不合标准的肥料和含有污染元素的废弃物，不能施用可能造成污染的农药，防止土壤环境受到污染。

四、监测内容

1. 监测点的立地条件和农业生产概况 包括气象调查、监测点基本情况等。

2. 监测点土壤剖面挖掘与记载 于建点前挖掘观测土壤剖面，一般在常规区挖掘采集剖面样品、拍摄剖面照片（数码）。剖面样按发生学层次分别取样，并和取样标签一起，分别装入样品袋，每个样品的重量为 1 kg。

3. 田间作业情况、水稻产量、施肥量、土壤有机质及养分

4. 五年监测内容 土壤微量元素（包括有效铁、锰、铜、锌、硼和钼）、土壤重金属元素（包括汞、铅、铬、砷）。

五、土壤样品采集与处理

土壤样品采集在每年度最后一季水稻收获后、施肥前进行。采集耕层土壤样品，每个土壤样品要求有 15～20 个以上的样点混合均匀。土壤样品的采集、处理和贮存方法严格按 NY/T1121.1 规定的方法进行。

六、田间调查与产量测定

对于监测点的基本情况，在收集资料的基础上对田间生产情况、施肥情况进行调查，通过调查监测点所在农户或现场观测记载的方式进行。对水稻产量的调查，通过对处理区的每季水稻分别进行籽粒与茎叶产量的测定后记载。其中，籽粒产量测定采用去边行后实打实收的方法测定。茎叶产量根据小样本进行籽粒与茎叶重量比的考种数据换算。

七、土壤样品检测

所有土壤样品均按现行有效的标准方法进行检测。所涉及的监测土壤样品检测方法如下：

土壤 pH，按 NY/T 1121.2 规定的方法测定。

土壤有机质，按 NY/T 1121.6 规定的方法测定。

土壤全氮，按 NY/T 53 规定的方法测定。

土壤有效磷，按 NY/T 1121.7 规定的方法测定。

土壤缓效钾和速效钾，按 NY/T 889 规定的方法测定。

八、数据审核与上报

监测数据上报前进行数据完整性、变异性与符合性审核，确保监测数据准确。在进行数据完整性审核时，应按照工作要求，核对监测数据项是否存在漏报情况，对缺失遗漏项目要及时催报、补充完整。在进行数据变异性审核时，应重点对耕地质量主要性状、肥料投入与产量等数据近 3 年的情况进行变异性分析，检查是否存在数据变异过大情况。如变异过大，应结合实际，检查数据是否能真实客观地反映当地实际情况，如出现异常，及时找出原因，核实数据；同时要分析肥料投入、土壤养分含量和水稻产量三者的相关性，检查是否出现异常。数据审查应由分管耕地质量监测工作的站长（主任）负责。审查结束后，审查人签字确认，并盖单位公章，按要求及时上报。

第三节　数据分析方法

一、常规统计分析

试验数据用 Excel 2016 整理，运用 SPSS 17.0 进行相关性分析及显著性检验。为避免个别年份异常气候和各稻区个别监测点位差异对土壤肥力和水稻产量等指标的影响，本研究按照监测点位的试验年限每隔 5 年划分成 6 个阶段，分别为 1988—1992（5 年）、1993—1997（10 年）、1998—2002（15 年）、2003—2007（20 年）、2008—2012（25 年）和 2013—2017（30 年）。

二、Meta 分析

本研究中的数据均来自农业农村部设置的定位监测数据。统计学指标采用权重响应比（response ratios，RR）表示，并计算其 95% 的置信区间（CI）。其计算公式为：

$$RR = (\bar{x}_t / \bar{x}_c) \qquad (3-1)$$

式中，$\bar{x}_t$ 为施肥处理水稻的平均产量（t/hm^2）；$\bar{x}_c$ 为不施任何肥料处理的水稻平均产量（t/hm^2）。

本研究的平均产量为某一时间段内（1988—1997、1998—2007、2008—2017 年 3 个时间段）多年平均产量。

整合分析通过对每个独立研究的响应比进行加权，得出加权平均响应（weighted response ration，RR++）。另外，平均值变异系数（variance，V）、权重系数（weighted factor，W_{ij}）、RR++、RR++ 的标准差（S）和 95% 的置信区间（CI）通过公式（3-2）

至（3-6）计算获得。

$$V = \frac{SD_t^2}{n_t \overline{x}_t^2} + \frac{SD_c^2}{n_c \overline{x}_c^2} \qquad (3-2)$$

$$W_{ij} = \frac{1}{V} \qquad (3-3)$$

$$RR_{++} = \frac{\sum\limits_{i=1}^{m} \sum\limits_{j=1}^{k_i} W_{ij} RR_{ij}}{\sum\limits_{i=1}^{m} \sum\limits_{j=1}^{k_i} W_{ij}} \qquad (3-4)$$

$$S(RR_{++}) = \sqrt{\frac{1}{\sum\limits_{i=1}^{m} \sum\limits_{j=1}^{k_i} W_{ij}}} \qquad (3-5)$$

$$95\% CI = RR_{++} \pm 1.96 S(RR_{++}) \qquad (3-6)$$

式（3-2）中，SD_t^2 和 SD_c^2 分别代表施肥处理组和无肥处理组的标准差，本研究的 SD 是通过某一时间段内的多年平均产量计算而来，若某一时间段内只有一个产量数据，则通过产量平均数的 1/10 作为相应处理的 SD；n_t 和 n_c 分别代表施肥处理组和无肥处理组样本数，本研究的样本数是指某一时间段内有产量数据的个数。式（3-4）中 m 是分组数（例如不同的种植区域或土地利用类型等），k_i 是第 i 分组的总比较对数。95%CI 通过（$e^{RR_{++}}-1$）× 100% 来转化，若 95%CI 全部大于 0，说明施肥对水稻产量具有显著的正效应；若全部小于 0，说明施肥对水稻产量具有显著的负效应；若包含 0，则说明施肥对水稻产量无显著影响（蔡岸冬等，2015）。

首先，通过卡方检验（Chi-square test）明确试验处理之间及各试验结果是否存在异质性（处理间或不同研究结果间的变异是否由随机误差引起）。若纳入的各研究结果无异质性（$P > 0.05$），采用固定效应模型进行分析；相反，则采用随机效应模型进行分析。其次，采用 Meta Win 2.1 软件进行分析，合并计数资料的响应比得出加权平均响应。

三、相对产量差分析

水稻成熟期采用去边行后实打实收的方法测定产量。本研究以施肥区与无肥区水稻产量之差，代表由肥料投入和由此引起的土壤地力提升所贡献的相对产量（Relative yield，RY，t/hm^2），借鉴产量差的概念和量化方法（刘保花等，2015），最高相对产量（High relative yield，HRY，t/hm^2）代表某一地区单位面积土地上，在当前的气候条件及管理水平下能够通过施肥引起的最大增产量（代表最大增产效应），本文用高产农户统计法量化（Lobell et al.，2009）；平均相对产量（Average relative yield，ARY，t/hm^2）反映的是该地区农户通过施肥达到的实际增产量的平均水平（代表平均增产效应）；相对产量差（Relative yield gap，G_{RY}，t/hm^2）即最高相对产量与平均相对产量之差，代表施肥的增产潜力。具体计算公式如下：

$$RY = R_F - R_{NF} \qquad (3-7)$$

$$G_{RY} = HRY - ARY \qquad (3-8)$$

其中，RY 代表相对产量；R_F 和 R_{NF} 分别代表施肥区和无肥区的水稻产量；G_{RY} 指相对产量差；HRY 代表最高相对产量，为该区域农户相对产量前 5% 的平均值（Tittonell 等，2008）；ARY 代表平均相对产量，为该地区所有农户相对产量的平均值，上述指标的单位均为 t/hm^2。地力水平根据无肥区产量来划分，前 25% 为高地力水平，后 25% 为低地力水平，中间 50% 为中地力水平（曾祥明等，2012）。统计数据表明，1998—2010 年我国谷物的单位面积化肥用量持续上升且变异较大，2010 年之后保持平稳且略有下降（侯萌瑶等，2017），故用近 10 年（2010—2019 年）的监测数据拟合相对产量差与氮肥施用量之间的关系，为当前氮肥合理施用量的推荐提供依据。

四、秸秆养分资源估算方法

各监测点每年水稻成熟期收获时测湿水稻秸秆产量，风干后折算含水量，得到风干水稻秸秆产量（W_m），根据各省份水稻的播种面积，计算得到每年的水稻秸秆资源量（W_s），再根据其养分含量计算养分资源量，为与秸秆中 N、P、K 含量表述一致，本研究估算的秸秆替代 N、P、K 化肥的用量全部用纯 N、P、K 表示。具体计算公式如下（宋大利等，2018）：

$$W_s = W_m A \qquad (3-9)$$

$$W_N(W_P，W_K) = W_s N_s(P_s，K_s) \qquad (3-10)$$

式中：W_s 为水稻秸秆资源量；W_m 为监测点水稻秸秆产量；A 为各省份水稻的播种面积；W_N 为水稻秸秆氮（N）养分资源量；N_s 为水稻秸秆氮（N）含量；W_P 为水稻秸秆磷（P）养分资源量；P_s 为水稻秸秆磷（P）含量；W_K 为水稻秸秆钾（K）养分资源量；K_s 为水稻秸秆钾（K）含量。

各省份的单位耕地面积水稻秸秆还田替代化肥潜力的计算公式为（柴如山等，2021）：

$$A_N(A_P，A_K) = \frac{W_N(W_P，W_K)R_N(R_P，R_K)}{A}$$

$$(3-11)$$

式中：A_N、A_P、A_K 分别为单位耕地面积水稻秸秆还田的氮、磷、钾肥替代潜力；R_N、R_P、R_K 分别为还田条件下水稻秸秆 N、P、K 养分当季释放率。

本文涉及的 1988—2018 年各省份水稻种植面积和农用化肥施用折纯量来自于《中国农业统计年鉴》（1989—2019），水稻秸秆的 N、P、K 养分含量参照全国农业技术推广服务中心数据，分别为 0.83%、0.12%、1.72%。水稻秸秆还田的 N、P、K 养分当季释放率来自刘晓永等（2017）通过文献总结得到的数据，分别为 47.2%、66.7%、84.9%。

全国和各区域水稻秸秆资源和养分资源量的标准误差采用误差传递公式进行计算（刘萍，2001）。

$$X = u + \cdots + v \qquad (3-12)$$

$$\sigma_x^2 = \sigma_u^2 \left(\frac{\partial X}{\partial u}\right)^2 + \cdots + \sigma_v^2 \left(\frac{\partial X}{\partial u}\right)^2 \qquad (3-13)$$

式中：u，$\cdots$，v 为不同的计算结果，在本研究中代表各区域或各省份的水稻秸秆资源和养分资源量，t；X 为不同计算结果之和；σ_x^2、σ_u^2、σ_v^2 分别为 X、u、v 标准误差的平方；∂X、∂u、∂v 分别为 X、u、v 的偏微分。

五、土壤肥力质量指数计算

参考前人对评价指标的选择，同时综合考虑水稻土肥力要素的特点以及所收集的养分数据，本研究选用包括土壤 pH、有机质、全氮、有效磷和速效钾共 5 项土壤肥力综合评价的参考指标，按照 Fuzzy 综合评判法计算土壤综合肥力指数。首先对土壤中各参评肥力质量指标建立相应的隶属度函数，计算其隶属度值。根据土壤肥力质量指标对作物产量的效应曲线将隶属度函数分为两种类型，并将曲线型函数转化为相应的折线型函数，以利于计算。其中有机质、全氮、有效磷、速效钾属于 S 形（正相关型）隶属度函数，pH 属于抛物线形（梯形）隶属度函数。结合《土壤质量指标与评价》和数据分布实际情况，确定土壤 pH 在抛物线形隶属度函数曲线中转折点 X_1、X_2、X_3 和 X_4 的相应取值分别为 4.5、5.5、6.0 和 7.0（表 3-2）。土壤有机质、全氮、有效磷和速效钾在 S 形隶属度函数曲线中转折点 X_1 的相应取值分别为 10g/kg、1g/kg、5mg/kg 和 50mg/kg，X_2 的相应取值分别为 40g/kg、2.5g/kg、40mg/kg 和 200mg/kg（徐建明等，2010）。将各项肥力质量指标值分别代入隶属度函数可得其隶属度值。

权重的计算步骤为：①先计算出水稻土各单项土壤肥力质量指标之间的相关系数，建立相关系数矩阵 R；②计算各单项土壤肥力质量指标与其他指标相关系数的平均值；③求得各单项土壤肥力质量指标平均值占全部肥力质量指标相关系数平均值之和的百分率，即可计算出各单项肥力质量指标的权重（包耀贤等，2013）。

表 3-2　土壤肥力参评指标隶属度函数的拐点值

肥力指标	拐点值			
	X_1	X_2	X_3	X_4
pH	4.5	5.5	6.0	7.0

（续）

肥力指标	拐点值			
	X_1	X_2	X_3	X_4
有机质（g/kg）	10	40		
碱解氮（mg/kg）	100	200		
有效磷（mg/kg）	5	20		
速效钾（mg/kg）	50	150		

将各参评指标的隶属度值和权重系数相乘后，再进行累加，即可得到基于模糊综合评价的土壤肥力质量指数 SFI（Soil Fertility Index），其计算公式如下（郑立臣等，2004）：

$$SFI = \sum_{j=1}^{n}(q_i w_i) \qquad (3-14)$$

式中，q_i 是第 i 项土壤肥力参评指标的隶属度值；w_i 是第 i 项土壤肥力参评指标的权重系数；n 代表参评指标的个数。

六、土壤表层有机碳密度计算

农田表层有机碳（SOC）密度（Mg/hm^2）的计算公式为：

$$SOC_{密度} = BD \times SOC_{含量} \times 0.2 \times 10 \qquad (3-15)$$

式中，BD 为土壤容重（g/cm^3）；$SOC_{含量}$ 为土壤有机碳含量（g/kg）；0.2 为土壤深度（m）；10 为转换系数。

参考文献

包耀贤，黄庆海，徐明岗，等.2013. 长期不同施肥下红壤性水稻土综合肥力评价及其效应［J］. 植物营养与肥料学报，19（1）：74-81.

蔡岸冬，张文菊，杨品品，等.2015. 基于 Meta-Analysis 研究施肥对中国农田土壤有机碳及其组分的影响［J］. 中国农业科学，48（15）：2995-3004.

曹志洪，周健民.2008. 中国土壤质量［M］. 北京：科学出版社.

柴如山，徐悦，程启鹏，等.2021. 安徽省主要作物秸秆养分资源量及还田利

用潜力 [J]. 中国农业科学，54（1）：95-109.

侯萌瑶，张丽，王知文，等 . 2017. 中国主要农作物化肥用量估算 [J]. 农业资源与环境学报，34（4）：360-367.

刘保花，陈新平，崔振岭，等 . 2015. 三大粮食作物产量潜力与产量差研究进展 [J]. 中国生态农业学报，23（5）：525-534.

刘萍 . 2001. 误差传递公式的特殊形式及应用 [J]. 山东工程学院学报，15（1）：76-78.

刘晓永，李书田 . 2017. 中国秸秆养分资源及还田的时空分布特征 [J]. 农业工程学报，33（21）：1-19.

彭显龙，王伟，周娜，等 . 2019. 基于农户施肥和土壤肥力的黑龙江水稻减肥潜力分析 [J]. 中国农业科学，52（12）：2092-2100.

全国农业技术推广服务中心 . 1999. 中国有机肥料资源 [M]. 北京：中国农业出版社 .

宋大利，侯胜鹏，王秀斌，等 . 2018. 中国秸秆养分资源数量及替代化肥潜力 [J]. 植物营养与肥料学报，24（1）：1-21.

徐建明，张甘霖，谢正苗，等 . 2010. 土壤质量指标与评价 [M]. 北京：科学出版社 .

曾祥明，韩宝吉，徐芳森，等 . 2012. 不同基础地力土壤优化施肥对水稻产量和氮肥利用率的影响 [J]. 中国农业科学，45（14）：2886-2894.

郑立臣，万太，马强，等 . 2004. 农田土壤肥力综合评价研究进展 [J]. 生态学杂志，23（5）：156-161.

Lobell D B, Cassman K G, Field C B. 2009. Crop yield gaps：Their importance，magnitudes and causes [J]. Annual Review of Environment and Resources，34：179-204.

Tittonell P, Vanlauwe B, Corbeels M, et al. 2008. Yield gaps，nutrient use efficiencies and responses to fertilisers by maize across heterogeneous smallholder farms in Western Kenya [J]. Plant and Soil，313（1/2）：19-37.

第四章

典型稻作区土壤 pH 和有机质变化特征

第一节 典型稻作区土壤 pH 时空变化特征

土壤酸度是农田土壤肥力的重要参数之一，其动态变化影响土壤的微生物活动、养分在土壤中的分解与转化及元素在土壤作物之间的迁移，进而影响作物生长、作物产量和品质等（徐仁扣等，2018）。耕地土壤 pH 降低，特别是形成强酸性或极强酸性土壤时，将导致土壤保水保肥能力下降，化肥利用率降低，从而威胁大气和水体环境（Guo et al.，2010）。此外，还将导致土壤铝毒增加，作物根系发育迟缓，土壤结构和养分供应能力下降，参与碳、氮、磷转化的微生物活性下降，土壤重金属污染风险增加，最终影响作物营养吸收和品质提升（汪吉东等，2015）。水稻土是一种独特的土壤类型，它是在种植水稻的耕作制度下，土壤经常处于淹水还原、排水氧化、水耕黏闭，以及大量施用有机肥料等频繁的人为管理措施影响下形成的，是中国重要的耕地资源，也是面积最大、分布最广的耕地土壤类型。长期的高化肥投入造成了水稻土酸化、保水保肥能力差、有机质下降、土壤板结等水稻土肥力退化问题，也引发了地表水富营养化、地下水硝酸盐积累和温室气体排放增加等生态问题。当前，我国部分水稻土区域均出现不同程度的土壤 pH 降低现象，引起盐基离子淋失以及重金属有效性提高，致使土壤质量严重下降（Zhu et al.，2020）。前人研究大多集中在省级或县域尺度上的水稻土 pH 空间分布方面，从全国尺度上研究长时间人为耕作下水稻土 pH 空间分布及影响因素，有利于根据水稻受土壤酸胁迫程度和水稻土酸化风险程度制定水稻土 pH 调控措施，对提高耕地土壤肥力及生产力等具有重要的指导意义。

一、不同区域水稻土 pH 统计分析

各地区土壤 pH 的描述性统计如表 4-1 所示，不同种植制度类型下，我国土壤 pH 和变异系数整体表现为水稻—其他（6.54 和 14.26%）＞水稻单作或连作（5.80 和 13.95%）。就水稻单作或连作而言，西南地区土壤 pH 最高（6.17），其他各地区整体上无显著差异（5.69～6.07）；西南地区土壤 pH 的变异系数较高（16.18%），其他地区土壤 pH 的变异系数差异不大（9.95%～13.83%）。就水稻—其他轮作制度而言，华南地区土壤 pH（5.47）显著低于其他各地区，而其他各地区土壤 pH 范围为 6.39～6.78；华北和华南地区土壤 pH 的变异系数较低，分别为 11.50% 和 10.29%，其余各地区土壤 pH 的变异系数差异不大（13.14%～13.88%）。通过进一步分析可知，各区域土壤 pH 分布均符合正态分布（$P>0.05$）。

表 4-1　不同区域土壤 pH 统计分析

区域	种植制度	统计量	均值	标准差	偏度	峰度	变异系数（%）	P 值
东北	水稻	128	6.07	0.62	0.37	1.52	10.13	0.285 1
西南	水稻	207	6.17	1	0.42	−0.78	16.18	0.692 8
	水稻—其他	247	6.78	0.94	−0.1	−1.16	13.88	0.778 1
长江中游	水稻	654	5.71	0.78	1.18	1.22	13.68	0.232 9
	水稻—其他	347	6.39	0.84	0	−0.42	13.14	0.98
长江下游	水稻	101	5.69	0.57	0.43	0.11	9.95	0.235 6
	水稻—其他	759	6.66	0.92	0.43	−0.97	13.85	0.939 4
华南	水稻	598	5.74	0.79	0.96	0.57	13.83	0.605 9
	水稻—其他	99	5.47	0.56	0.02	0.06	10.29	0.221 4

（续）

区域	种植制度	统计量	均值	标准差	偏度	峰度	变异系数（%）	P 值
全国	水稻	1 688	5.8	0.81	0.94	0.55	13.95	0.172 3
	水稻—其他	1 533	6.54	0.93	0.15	−0.78	14.26	0.850 9

二、水稻单作或连作下土壤 pH 时空变化特征

各地区土壤 pH 的时空变化特征如图 4-1 所示，1988—2000年间各地区土壤 pH 平均值分别为 5.32（东北）、6.34（西南）、6.42（长江中游）、6.04（华南）和 6.19（全国）。与 Ⅰ 阶段相比，西南、长江中游、华南和全国地区土壤 pH 平均值在 Ⅱ 阶段均呈显著下降趋势，分别下降了 0.68、0.58、0.37 和 0.44 个单位；而东北地区呈显著上升趋势，上升了 0.76 个单位，原因可能与土地管理密切相关。东北地区的水田耕种时间较短，初期均来源于河谷平原的低洼地带，浸水缺氧条件下分解产生大量的有机酸类物质，加之地下水位高，导致酸性物质大量积累于土壤表层，而呈现酸性。随着开沟排水、合理的栽培和秸秆还田等措施的实行，对土壤 pH 有一定的提升作用。与 Ⅱ 阶段相比，西南地区土壤 pH 在 Ⅲ 阶段显著上升 0.71 个单位，而长江中游地区土壤 pH 呈下降趋势，下降了 0.23 个单位；东北、长江下游、华南以及全国地区分别上升了 0.20、0.03、0.05 和 0.04 个单位，但无显著差异。

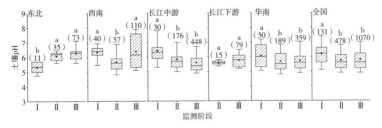

图 4-1　不同种植区域水稻单作或连作下土壤 pH 随时间的变化特征

注：Ⅰ：1988—2000，Ⅱ：2001—2010，Ⅲ：2011—2018，下同。

进一步分析发现（表 4-2），西南、长江中游和华南地区土壤 pH 从 I 到 II 阶段随时间呈显著的线性负相关关系（$P < 0.01$），pH 下降速率分别为 0.087、0.039 和 0.056 个单位/年。东北、西南、长江下游和华南地区 pH 从 II 到 III 阶段随时间呈显著的线性正相关关系（$P < 0.05$），pH 上升速率分别为 0.026、0.082、0.021 和 0.002 个单位/年，这主要与集约化农业种植措施下不合理的化肥投入且肥料的利用率低密切相关。长江中游地区 pH 在此阶段随时间呈显著的线性负相关关系（$P < 0.05$），下降速率为 0.023 个单位/年。整体而言，我国水稻单作或连作土壤 pH 从 I 到 II 阶段呈显著下降趋势（下降速率为 0.054 个单位/年），从 II 到 III 阶段的线性拟合方程的相关系数不显著。

表 4-2　不同种植区域水稻单作或连作下土壤 pH（y）
与试验时间（x）的拟合方程

区域	时间段	方程	R^2	P
东北	II → III	$y = 0.026\ 0x - 46.156$	0.540 3	0.001 8
西南	I → II	$y = -0.087\ 3x + 180.370$	0.619 2	< 0.01
	II → III	$y = 0.081\ 5x - 157.880$	0.702 6	< 0.01
长江中游	I → II	$y = -0.039\ 2x + 84.617$	0.718 3	< 0.01
	II → III	$y = -0.023\ 3x + 52.566$	0.384 0	0.023 9
长江下游	II → III	$y = 0.020\ 6x - 35.661$	0.472 5	0.006 6
华南	I → II	$y = -0.055\ 7x + 117.100$	0.566 1	< 0.01
	II → III	$y = 0.002\ 2x + 1.333$	0.004 5	0.820 57
全国	I → II	$y = -0.053\ 5x + 112.810$	0.638 9	< 0.01
	II → III	$y = 0.000\ 9x + 4.0024$	0.002 8	0.857 8

三、水稻—其他轮作下土壤 pH 时空变化特征

水稻—其他轮作下土壤 pH 的时空变化特征如图 4-2 所示。1988—2000 年间各地区土壤 pH 平均值分别为 7.12（西南）、6.33（长江中游）、6.57（长江下游）和 6.72（全国）。与 I 阶段相比，

西南和全国地区土壤 pH 平均值在Ⅱ阶段均呈显著下降趋势，分别下降了 0.44 和 0.28 个单位，下降幅度均达到显著水平（$P<0.05$）；而长江中游和长江下游地区无显著变化。与Ⅱ阶段相比，长江下游地区土壤 pH 在Ⅲ阶段显著提高（上升了 0.14 个单位），而其他各地区土壤 pH 无显著变化。

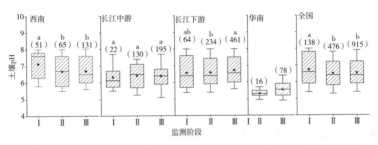

图 4-2 不同种植区域水稻—其他下土壤 pH 随时间的变化特征

通过线性拟合可知（表 4-3），西南地区土壤 pH 从Ⅰ到Ⅱ阶段呈显著的线性负相关关系（$P<0.01$），pH 下降速率为 0.050 个单位/年，而华北、长江下游和华南地区土壤 pH 从Ⅱ到Ⅲ阶段呈显著的线性正相关关系（$P<0.05$），pH 上升速率分别为 0.040、0.020 和 0.026 个单位/年。整体而言，我国水稻—其他地区土壤 pH 从Ⅰ到Ⅱ阶段与时间变化无显著相关关系，从Ⅱ到Ⅲ阶段随时间变化呈显著上升趋势（$P<0.05$），上升速率为 0.016 个单位/年。

表 4-3 不同种植区域水稻—其他下土壤 pH（y）
与试验时间（x）的拟合方程

区域	时间段	方程	R^2	P
西南	Ⅰ→Ⅱ	$y=-0.049\,4x+105.660$	0.593 6	1.83×10^{-4}
	Ⅱ→Ⅲ	$y=-0.007\,6x+6.801$	0.036 3	0.934 44
长江中游	Ⅰ→Ⅲ	$y=0.010\,4x-14.381$	0.145 3	0.066 1
长江下游	Ⅰ→Ⅱ	$y=-0.008\,7x+24.001$	0.113 7	0.219 1
	Ⅱ→Ⅲ	$y=0.020\,1x-33.912$	0.340 3	0.046 5

（续）

区域	时间段	方程	R^2	P
华南	Ⅱ→Ⅲ	$y=0.025\,6x-46.125$	0.335 5	0.030 0
全国	Ⅰ→Ⅱ	$y=-0.010\,7x+28.064$	0.115 9	0.141 7
	Ⅱ→Ⅲ	$y=0.016\,0x-25.743$	0.482 8	0.017 7

四、气候、土壤理化性质和施肥对土壤 pH 变化的相关性和重要性分析

土壤 pH 的变化与气候、施肥和土壤理化性质等密切相关，通过皮尔森相关性分析可知（表 4-4），除了磷肥的施用量与 pH 无显著相关以外，其余各指标均与 pH 呈极显著相关关系。有机质与土壤 pH 的关系水稻—其他轮作下土壤上呈显著负相关，而在水稻单作或连作上呈显著正相关。

表 4-4 各因素与土壤 pH 之间的 Person 相关性分析

项目	水稻单作或连作			水稻—其他		
	相关系数	P	样本量	相关系数	P	样本量
氮肥	−0.072	0.003	1 648	−0.160	<0.001	1 502
磷肥	0.027	0.265	1 648	−0.005	0.839	1 502
钾肥	−0.125	<0.001	1 648	−0.196	<0.001	1 502
有机质	0.219	<0.001	1 668	−0.108	<0.001	1 510
全氮	0.252	<0.001	1 646	−0.071	0.006	1 504
有效磷	−0.05	0.043	1 656	−0.078	0.002	1 524
速效钾	0.187	<0.001	1 656	0.207	<0.001	1 520
缓效钾	0.102	<0.001	1 227	0.411	<0.001	1 187
容重	0.179	<0.001	1 668	−0.118	<0.001	1 510
年均温	−0.133	<0.001	1 674	−0.347	<0.001	1 533
年降雨	−0.286	<0.001	1 674	−0.378	<0.001	1 533

利用提升回归树模型进一步分析了各因素对土壤 pH 变化的相

对重要性，结果如图 4-3 所示。各指标对土壤 pH 均有一定的影响，其中，年均降雨量的相对重要性在 3 种土地利用方式下均最高，水稻单作或连作和水稻—其他分别占比为 18.1% 和 28.6%，说明年均降雨量是影响土壤 pH 变化的主要驱动因素。降雨易导致土壤中的盐基离子（K^+、Na^+、Ca^{2+}、Mg^{2+}）随水向下移动或淋失，使土壤盐基饱和度下降，缓冲能力降低，从而导致土壤 pH 逐渐降低。此外，随着工业化进程的不断推进，导致降雨中伴随大量的酸性物质，也是造成土壤 pH 较低的主要因素之一。就水稻单作或连作而言，土壤质地、容重、有机质和全氮紧随年均降雨量之后，相对重要性分别为 13.5%、11.4%、10.1% 和 8.2%，其次为年均温（7.1%）、钾肥（6.9%）和有效磷（6.3%），其余指标的相对重要性较弱，所有指标中气候、土壤属性和肥料的相对重要性分别为 25.2%、58.1% 和 16.7%。就水稻—其他而言，年均温度相对重要性（15.1%）紧随年均降雨量之后，其次为土壤质地、容重、缓效钾、速效钾、有机质和钾肥用量，相对重要性分别为 8.6%、7.7%、7.3%、6.9%、6.7% 和 5.7%，其余指标相对重要性较弱，所有指标中气候、土壤属性和肥料的相对重要性分别为 43.7%、44.4% 和 11.9%。此外，就不同肥料类型而言，水稻单作或连作和水稻—其他下钾肥用量对土壤 pH 变化的影响相对重要性较高。本研究表明土壤

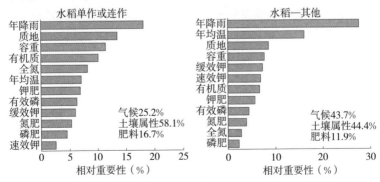

图 4-3 各因素影响土壤 pH 变化的相对重要性

质地和容重对 pH 的变化也有重要作用，这主要因为土壤质地的粗细与有机—无机复合体或团聚体的形成密切相关，通过调控土壤颗粒比表面积与电荷密度，最终决定能否对有机物质和盐基离子形成有效的吸附；其次，土壤 pH 与土壤含水量间存在较显著的负相关关系，而容重与土壤含水量密切相关，因此，土壤质地和容重对 pH 有一定的调控作用。

五、小结

不同土地利用类型下，水稻土 pH 表现为水稻—其他＞水稻单作或连作，其中，水稻单作或连作下土壤 pH 从监测初期（1988—2000）到中期（2001—2010）呈快速下降趋势，而水稻—其他下土壤 pH 从监测中期到现在（2011—2018）呈缓慢增加趋势。华南地区不同土地利用和时间段下的土壤 pH 均低于其他地区，各区域不同利用类型下土壤 pH 均与时间呈较好的相关关系。

整体而言，各农田种植区应基于相对稳定的降雨量和土壤质地，通过合理灌溉、增施有机肥和秸秆等措施进而调控土壤容重和有机质，最终起到有效调控农田土壤 pH 的效果。

第二节　典型稻作区土壤有机质变化特征

土壤有机质与土壤质量密切相关，有机质数量的耗竭和质量的恶化可直接导致土壤生态功能的衰退。土壤有机质的变化受多种因素的影响，具有较强的时空变异性。水稻土是中国面积最大、分布最广的耕地土壤，占全国耕地面积的 1/5，维持稻田土壤质量和生态功能对我国粮食生产和安全至关重要（龚子同，2003）。土壤有机质变化方面已开展了较多研究，包括国家尺度、省域尺度、典型地区和气候带，以及土壤类型区等方面（黄耀等，2006；杨帆等，2017；Tang et al.，2018；Pan et al.，2004）。目前国家尺度的农田土壤有机质含量变化研究一方面基于布置在全国各地的长期定位试验点，比如中国农业科学院的肥力与肥料效应监测网长期定位试验，中国科学院 CERN 台站长期定位试验，以及各地农业科学院系统布置的大量长期定位试验，其研究多基于不同施肥、轮作、耕作等对土壤有机质的影响。本部分从全国尺度系统监测分析了中国主要水稻种植区稻田土壤有机质含量变化特征及稻田土壤有机质含量变化影响因素。

一、土壤有机质含量变化特征

（一）土壤有机质含量空间变化

20 世纪 80 年代以来，随着我国农业投入的增加和农业科技的快速发展，水稻总产量持续上升，农作物秸秆资源数量和还田比例持续增加，我国稻田耕层土壤有机质含量整体呈现上升趋势。全国稻田耕层土壤有机质平均含量 32.4g/kg，变幅在 11.3～65.0g/kg（表 4－5）。其中湖南、云南、贵州、广西、广东、江西、黑龙江、吉林、浙江和福建 10 个省份稻田耕层土壤有机质平均含量在 30.0g/kg 以上。安徽、海南和上海低于 25.0g/kg。各稻作区域耕层土壤有机质平均含量高低顺序为长江中游 35.1g/kg、华南 34.2g/kg、东北 33.6g/kg、西南 31.0g/kg 和长江下游 26.3g/kg。由图 4－4 可知，根据箱线图统计的各稻作区耕层土壤有机质含量置信区间分别为长江中游 20.6～51.2g/kg，华南 15.2～48.6g/kg，东北 11.9～51.6g/kg，西南 18.1～45.4g/kg 和长江下游 17.2～43.9g/kg。长江中游地区耕层土壤有机质含量显著高于西南地区和长江下游地区（$P<0.05$）。稻田耕层土壤有机质含量明显高于全国耕地土壤以及旱地耕作土壤，其中 10 个省份超过 30.0g/kg。在不同区域，稻田土壤有机质含量呈现明显的时空变异性。长江中游和华南为我国典型双季稻产区，水稻生产水平普遍较高，具有较好的水热条件，有利于秸秆腐解，其稻田土壤有机质含量整体较高。长江中游、华南和东北稻田耕层土壤有机质含量较西南和长江下游高，原因可能是与后两地为我国典型水旱轮作区域，稻田水旱交替加速了土壤有机质分解有关（黄杰，2015；曾希柏等）。

表 4-5 不同区域稻田耕层土壤有机质平均含量

稻作区域	省份	水稻种植面积（×10⁴ hm²）	有机质含量（g/kg）				样本数
			平均含量	最低含量	最高含量	中位数	
东北	黑龙江	394.9	34.4	30.0	39.5	34.1	4
	吉林	82.1	34.1	26.7	51.6	33.1	6
	辽宁	49.3	26.3	11.9	30.2	26.4	8
	平均	526.2	33.6	11.9	51.6	30.1	18
长江中游	湖北	236.8	29.1	17.7	41.1	27.9	19
	湖南	423.9	38.7	16.9	65.0	36.7	41
	江西	350.5	34.7	16.5	50.9	34.7	51
	平均	1 011.2	35.1	16.5	65.0	33.7	111
长江下游	安徽	260.5	24.5	13.1	38.1	26.3	29
	江苏	223.8	26.0	16.6	39.7	25.0	37
	上海	10.4	22.9	20.0	25.8	22.9	2
	浙江	78.4	33.4	13.7	63.8	37.3	14
	平均	573.1	26.3	13.1	63.8	26.3	82
西南	贵州	67.8	37.3	35.4	40.8	37.0	3
	四川	187.5	26.1	17.3	44.2	25.1	29
	云南	87.1	38.0	26.2	50.2	33.0	7
	重庆	65.9	29.0	23.8	36.0	29.8	8
	平均	408.2	31.0	17.3	50.2	29.5	47
华南	福建	76.9	30.1	20.9	40.0	29.3	14
	广东	180.5	35.3	15.2	51.3	32.3	35
	广西	152.7	36.4	13.4	56.3	33.9	13
	海南	18.0	22.9	11.3	33.4	23.5	18
	平均	428.2	34.2	11.3	56.3	29.0	80
全国		2 946.9	32.4	11.3	65.0	29.4	338

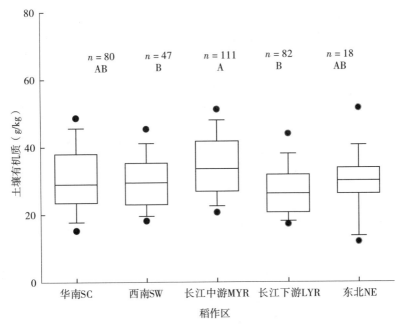

图 4-4 不同区域稻田耕层土壤有机质含量

（二）土壤有机质含量时间变化

1. 全国稻田土壤有机质含量时间变化 全国 140 个长期监测点结果表明，常规施肥条件下近 30 年全国稻田耕层土壤有机质含量总体呈现上升趋势（图 4-5a）。通过对所有监测点 338 个点位数土壤有机质含量的统计，与 1988 年相比，近 30 年全国稻田耕层土壤有机质平均含量上升 3.49g/kg（图 4-5b）。回归方程表明稻田耕层土壤有机质年增加速率 0.09～0.12g/kg（$P < 0.01$）。

2. 不同区域稻田土壤有机质含量的时间变化 不同稻作区域长期监测点稻田耕层土壤有机质含量变化见图 4-6。各稻区稻田耕层土壤有机质含量均随耕作时间呈现上升趋势。土壤有机质年增长速率从高到低依次为东北 [0.31 g/（kg·a），$P < 0.01$]、长江下游 [0.22 g/（kg·a），$P < 0.01$]、长江中游 [0.19 g/（kg·a），$P < 0.05$]、华南 [0.16 g/（kg·a），$P < 0.05$] 和西南

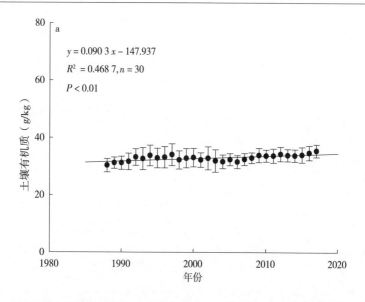

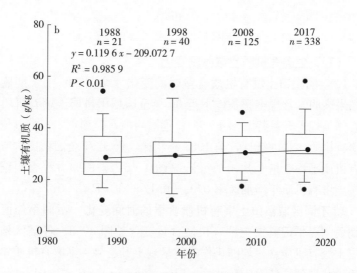

图 4 - 5　常规施肥下稻田土壤有机质变化

（a. 长期监测点；b. 所有监测点 1988、1998、2008、2017 年统计）

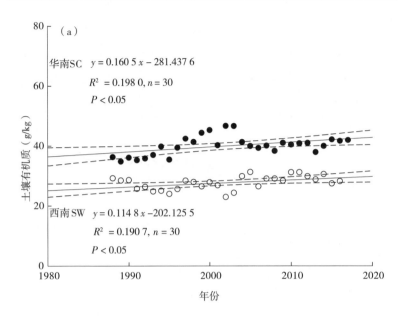

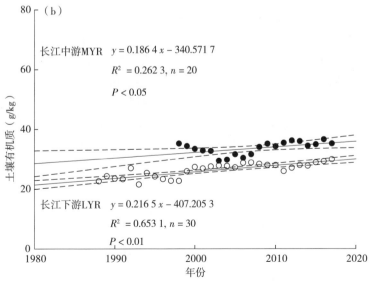

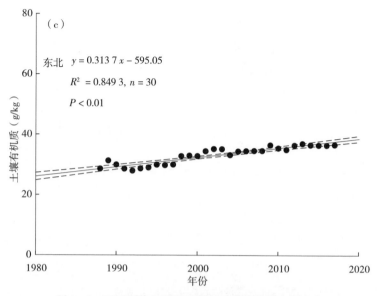

图 4-6　不同稻作区域稻田耕层土壤有机质含量变化

$[0.11 \text{ g}/ (\text{kg} \cdot \text{a})]$，$P < 0.05$。土壤有机质含量年均增速总体表现为从北到南依次降低的趋势。受到各地水热条件、种植模式和肥料投入等影响，稻田土壤有机质含量上升速率存在差异，年均递增速率呈现从南到北依次增加趋势，结果与李建军等(2015)的观点相似。

3. 不同区域有机质含量变化的点位特征　通过对不同区域长期监测点有机质含量的定位跟踪，1988—2017 年间全国 140 个长期监测点中，58 个监测点稻田土壤有机质含量显著上升，占总量的 41.4%（表 4-6）。44 个监测点稻田土壤有机质含量显著下降，占总量的 31.4%，另外有 27.1% 的长期监测点稻田土壤有机质含量无显著上升或下降趋势。受到长期监测点地理位置、气候、种植制度、肥料投入等影响，1988—2017 年间长江中游地区 52 个长期定位监测点中，48.1% 的监测点土壤有机质含量上升，42.3% 的监测点下降，9.1% 的监测点无显著变化。长江下游地区 29 个长期定位监测点中 41.4% 上升，24.1% 下降，

34.5%无显著变化。华南地区 31 个长期定位监测点中 32.3%监测点的有机质含量上升，25.8%下降，41.9%无显著变化。西南地区 22 个长期定位监测点中 36.4%上升，22.7%下降，40.9%无显著变化。东北地区 6 个长期定位监测点中 50.0%上升，33.3%下降，16.7%无显著变化。

表 4-6 不同区域长期监测点土壤有机质含量变化统计

区域	长期监测点	上升点	下降点	无变化
长江中游	52	25	22	5
长江下游	29	12	7	10
华南	31	10	8	13
西南	22	8	5	9
东北	6	3	2	1
全国	140	58	44	38

二、土壤有机质含量变化影响因素

(一)水热条件对土壤有机质影响

土壤有机质含量受土壤类型、气候特征、种植制度以及施肥等的影响。不同区域土壤有机质含量对气温和降水量响应关系不同（图4-7）。从东到西随经度变化以及从南到北随纬度变化，土壤有机质含量与年均温度相关系数呈下降趋势，两者由正相关逐渐变化为显著负相关（$P<0.05$）。从东到西随经度变化，土壤有机质含量与年均降水量在<E105°、E110°~115°、>E125°区间表现为负相关，在 E105°~110°、E115°~120°、E120°~125°区间表现为正相关（$P<0.05$），其相关系数整体表现为两头低，中间高。从南到北随纬度变化，土壤有机质含量与年均降水量由正相关逐渐变化为负相关（$P<0.05$），相关系数随纬度有下降趋势。稻田土壤有机质主要来源于作物根茬、秸秆、绿肥还田、有机物料投入等。土壤有机质含量在固持和分解中维持动态平衡，影响稻田土壤有机

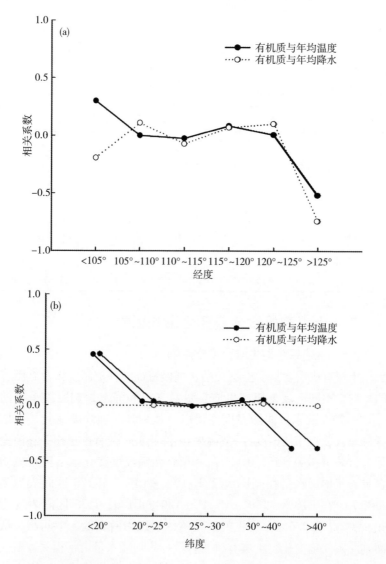

图 4-7 稻田土壤有机质含量与年均温度和降水量相关关系随经度 (a) 和纬度变化 (b)

质含量的因素有气候、土壤类型、地形、施肥和耕作措施等。温度和水分是决定土壤有机质输入和分解的气候因子，其一方面影响作物产量，制约土壤有机质输入量；另一方面对土壤水热状况和微生物活动产生深远影响。高纬度地区，稻田土壤有机质含量与年均温度呈显著负相关，说明温度越高，有机质分解越快。低纬度地区，稻田土壤有机质含量与年均温度呈正相关，温度越高，越有利于作物生长，累积更多的碳投入。从东到西，稻田土壤有机质含量与年均温度由正相关转变为负相关，长江下游、华南地区东部年均气温对土壤有机质积累起促进作用，而到西南地区，年均气温则对土壤有机质分解起主导作用。从稻田土壤有机质与年降水量关系来看，在 $<E105°$、$E110°\sim115°$、$>E125°$ 区间，降水加剧了有机质分解，两者表现为负相关，在 $E105°\sim110°$、$E115°\sim120°$、$E120°\sim125°$ 区间，随着降水量增加，稻田淹水时间和淹水量增加，形成还原环境，有利于缓解土壤有机质矿化分解，增加土壤有机质积累。随着纬度增加，稻田土壤有机质与年降水量之间相关系数有下降趋势。总体而言，温度和水分二者的综合效应影响稻田土壤有机质含量的地带性分布。

（二）不同土壤类型、耕作制度及氮肥投入对土壤有机质含量影响

从现有监测点位水稻土类型来看（图 4-8a），潜育型水稻土的稻田耕层土壤有机质平均含量为 38.9g/kg，显著高于其他类型水稻土（$P<0.05$）。耕层土壤有机质含量受种植制度影响相对较少，一年三熟制稻田耕层土壤有机质平均含量要略高于一年两熟和一年一熟制稻田（图 4-8b）。土壤有机质与氮肥投入响应关系表明，在年投入量 $0\sim200kg/hm^2$ 下，土壤有机质与氮肥投入呈负相关（图 4-8c，$P<0.05$）。年投入量 $200\sim300kg/hm^2$ 下，土壤有机质与氮肥投入呈极显著正相关（$P<0.01$）。年投入量大于 $300kg/hm^2$ 下，土壤有机质与氮肥投入量呈极显著负相关（$P<0.01$）。施肥是影响土壤有机质至关重要的因素。长期施肥显著提高了土壤有机质含量。全国耕地质量监测数据揭示了稻田土壤有机

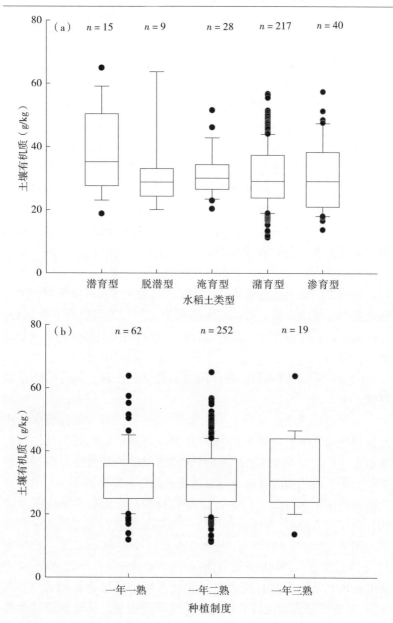

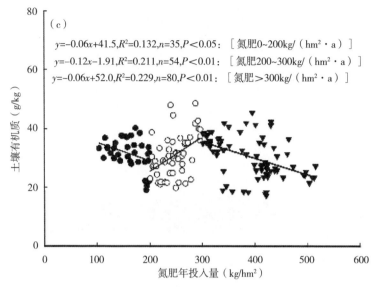

图 4 - 8　不同水稻土类型（a）、种植制度（b）以及氮肥年投入量
（c）稻田的耕层土壤有机质含量变化

质与肥料投入存在响应关系。合适的氮肥年投入量（200～300kg N/hm²）能提升土壤有机质含量，较低和过高氮肥年投入量均不利于土壤有机质含量提升。目前南方的长江下游、长江中游和华南等区域稻田氮肥年投入量普遍较高。因此，化肥减量减肥是必然选择，土壤有机质含量提升要与化肥减施有机结合，协调发展。就我国现有肥料投入水平来看，生产上应该以"减氮"为原则，采用秸秆还田和有机肥替代部分化肥，达到减施、提质和增效目的。此外，水稻土类型和种植制度等主要通过土壤水热状况、微生物种群和外源投入等对稻田土壤有机质含量产生影响。

（三）土壤有机质变化与土壤容重和耕层深度关系

土壤有机质含量与土壤容重及耕层深度存在响应关系。通常情况下有机质含量高，其土壤疏松、结构好、容重低、耕层深厚。通过对我国稻田耕层土壤 602 组有机质含量与容重数据做线性回归获得容重与土壤有机质含量的经验方程：y（容重 g/cm³）=

$-0.004\ 9 \times$ SOM（g/kg）$+1.373\ 9$（$R^2 = 0.119\ 8$，$n = 602$）（图 4 - 9a）。同样，对 670 组耕层深度数据与土壤有机质含量获得

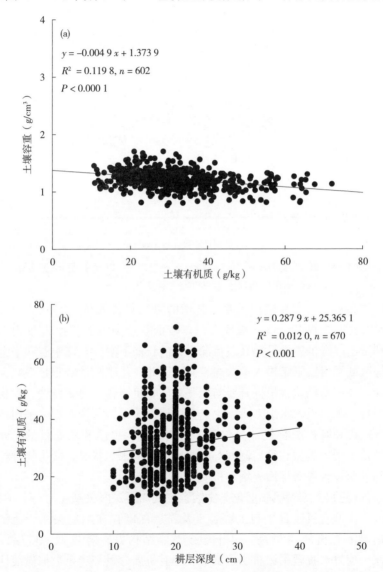

图 4 - 9　稻田土壤有机质与土壤容重（a）及耕层深度（b）的关系

经验方程：y（SOMg/kg）$= 0.287\ 9T$（耕层厚度 cm）$+ 25.365\ 1$（$R^2 = 0.012\ 0$，$n = 670$）（图 4-9b）。土壤有机质对土壤质量及功能的调节起关键作用，较低的土壤有机质会降低土壤结构的稳定性。研究表明，土壤有机质提升有利于增加土壤孔隙，降低土壤容重，增厚土壤耕层。土壤有机质有利于构建肥沃土壤耕层；相反，合适土壤耕层深度有利于土壤微生物活动，影响土壤有机质累积和分解。稻田土壤有机质含量与耕层深度呈正相关关系（$P < 0.01$），但两者相关性不如土壤容重，耕层深度可能与稻田管理措施，比如土壤翻耕深度、次数以及机械化耕作管理等有关。

三、小结

近 30 年全国稻田耕层土壤有机质含量平均上升 3.49g/kg，从南到北土壤有机质含量年均增速依次增加。不同区域稻田土壤有机质与年均气温和降水量响应关系不一样。从东部到西部以及纬度从低到高，土壤有机质含量与年均气温相关性由正相关转变为负相关。氮肥年投入量、水稻土类型以及种植制度等对稻田土壤有机质产生影响。稻田土壤有机质含量与土壤容重及耕层深度有响应关系，提升土壤有机质有利于降低土壤容重，土壤有机质含量随土壤耕层增加而呈上升趋势。

第三节　典型稻作区土壤有机质密度变化特征

近 200 个国家在第 26 届气候变化大会初步达成了《格拉斯哥气候公约》，要求各国政府基于最佳的科学知识制定有效的气候行动和决策，以实现 2050 年前后达到碳中和的目标。单位面积内土壤保持的有机碳数量称为土壤（有机）碳密度。深入剖析 SOC 密度时空分布特征及其变化的影响因素，对提升 SOC 密度、提高土壤质量、缓解气候变化以及保护生态环境具有重要意义，尤其是受人为因素干扰较大和含量相对较高的表层 SOC 密度变化是当前研究的热点。近几十年来，围绕农田土壤碳密度变化国内外展开了大量的研究，包括基于土壤普查数据的全国尺度估计，单个省份或地理区，不同农作区或观测点位的变化分析。从土壤背景 SOC 水平看，我国 SOC 密度低且分布不均匀，且普遍低于欧美等发达国家。SOC 密度的空间分布主要受气候、植被以及人类活动的影响，且在地带性分布基础上人类活动加剧了 SOC 密度的变化幅度。此外，由于我国农田土壤类型多、分布广、土地利用方式不一、施肥等管理措施差异较大，导致目前未能有全国尺度的数据深究土壤有机碳密度的时空变化。本研究以水田和水旱轮作 2 种利用方式为切入点，分别从时间和空间尺度，结合差异性分析和多元分析，深入分析中国水稻土表层土壤有机碳库的变化特征及调控因素，为我国稻田地力提升和粮食安全提供理论支撑，同时为土壤固碳减排和应对气候变化的策略提供参考。

一、全国尺度上稻田 SOC 密度统计分析

1988—2019 年间全国水田和水旱轮作下表土有机碳密度平均值分别为 46.18 和 37.65Mg/hm² （表 4 - 7），标准差分别为 15.16、14.37 和 12.33Mg/hm²。近 3 年（2017—2019）水田和水旱轮作下的平均值分别为 45.15 和 38.01Mg/hm²，标准差分别为 19.08 和 15.19Mg/hm²。与初始阶段（1988—1990）相比，近 3 年水田和水旱轮作下的增幅分别为 10.3% 和 0.2%。

表 4 - 7　SOC 密度描述性统计分析

类型	时间段	均值 (Mg/hm²)	中值 (Mg/hm²)	标准差	偏度	峰度	极小值 (Mg/hm²)	极大值 (Mg/hm²)
水田	1988—2019	46.18	45.29	15.16	0.74	1.56	6.54	119.06
	1988—1990	40.94	32.56	20.64	1.27	0.50	14.81	82.74
	2017—2019	45.15	42.09	19.08	1.07	1.99	10.68	132.42
水旱轮作	1988—2019	37.65	35.91	12.33	1.48	5.90	8.04	129.63
	1988—1990	37.95	39.39	8.88	−0.77	−0.19	21.37	48.26
	2017—2019	38.01	36.56	15.19	1.25	3.75	6.02	133.21

二、全国尺度上稻田 SOC 密度时间变化特征

1988—2019 年间水旱轮作下 SOC 密度在 3 个时间段呈先降低后显著增加趋势（图 4-10），而在水田下无显著差异。方程拟合结果表明（表 4-8），就水田而言，SOC 密度在 2000 年之前随时间延长呈显著下降趋势，之后呈显著上升趋势，且上升速率低于下降速率；就水旱轮作而言，SOC 密度在 2004 年之前随时间延长呈显著下降趋势，之后呈显著上升趋势，且上升速率低于下降速率。随监测年限的延长，SOC 密度整体上呈先降低后增加的趋势，这与国内部分研究结果存在微弱的差异。在监测 Ⅰ 阶段期间，化肥用量显著增加，而有机物料投入的比例总体呈减小趋势，进而导致土壤环境不断恶化，尤其是造成土壤酸化，最终影响不同碳库之间的转换和土壤固碳能力。在监测 Ⅱ 阶段，随着高产品种的持续推广、测土配方施肥技术和秸秆还田进一步推进，保证我国粮食产量整体呈逐年增加趋势，在一定程度上增加了凋落物、根茬及根系分泌物等，进而为增加我国农田表层 SOC 密度提供了重要保障，这也是我国农田表层 SOC 密度在 Ⅱ 阶段中后期整体上增加的主要原因。土壤钾素在水田 SOC 密度上升过程中有重要的调控作用，这也进一步证明持续推进秸秆还田的重要性。我国水稻土整体钾含量相对较低且呈亏缺状态，且随着氮、磷肥的大量施用以及农民对钾肥施用的忽视，致使秸秆还田在缓解水田钾素缺乏和保证水稻稳产和高产方面的作用尤为重要。

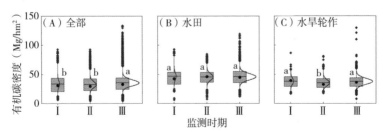

图 4-10 全国尺度上稻田 SOC 密度随时间变化特征

表 4-8　稻田 SOC 密度与试验时间的方程拟合

土地类型	年份	持续年限（年）	方程	R^2	P 值	转折年份
全国	1988—2003	$x \leqslant 15$	$y = -0.411x + 38.345$	0.598	<0.001	2003
	2004—2019	$x > 15$	$y = 0.321x + 26.662$			
水田	1988—2000	$x \leqslant 12$	$y = -0.532x + 51.573$	0.542	<0.001	2000
	2001—2019	$x > 12$	$y = 0.077x + 44.262$			
水旱轮作	1988—2004	$x \leqslant 16$	$y = -0.447x + 41.677$	0.421	<0.001	2004
	2005—2019	$x > 16$	$y = 0.293x + 29.833$			

三、各区域稻田 SOC 密度随时间变化特征

各区域 SOC 密度在 3 个时间段间的差异特征存在一定的异质性（图 4-11）。就水田而言，东北地区Ⅲ阶段 SOC 密度显著高于Ⅰ阶段，华南地区呈相反趋势，西南和长江中游地区Ⅱ阶段 SOC 密度平均值低于Ⅰ和Ⅲ阶段，长江下游地区各时间段无显著差异。方程拟合结果表明，东北 SOC 密度随时间呈增加趋势，华南 SOC 密度随时间呈降低趋势（表 4-9），西南和长江中游地区 SOC 密度呈先降低后增加趋势，东北水田 SOC 密度呈逐年增加趋势，这与该地区水稻土类型和水稻生产特点密切相关。研究表明，在 1980—2000 年间，黑龙江小麦种植区逐渐被水稻取代而成为该区主要作物类型，且种植水稻对土壤的碳汇效果高于小麦；随着机械化、秸秆还田的推广和产量的持续增加，在一定程度上促进了碳的开源和节流。随着气候变暖，更加有利于水稻的生产和秸秆、残茬、凋落物等外源碳的输入，有利于 SOC 密度的持续增加。华南地区随着双季或三季稻种植面积的不断缩减，在一定程度上导致随作物残茬和秸秆输入的碳量在减少。此外，华南地区的潜育化稻田分布较多，随着国家高标准农田建设的不断推进，使南方丘陵区一些长期淹水的冷浸田得到有效改善，在一定程度上削弱了水田的碳汇功能，进而导致 SOC 密度呈降低趋势。

就水旱轮作而言，西南地区Ⅱ和Ⅲ阶段 SOC 密度均显著高于Ⅰ阶段，长江中游呈相反结果，长江下游Ⅰ和Ⅱ阶段显著低于Ⅲ阶段。方程拟合结果表明，长江中游和下游地区 SOC 密度随时间呈先降低后增加趋势。近 3 年的结果表明，长江中游和东北地区水田 SOC 密度较高；西南地区水旱轮作 SOC 密度高于其他地区。

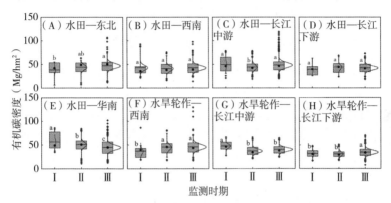

图 4-11　各区域不同时间段 SOC 密度随时间变化特征

表 4-9　各区域 SOC 密度（y）与试验时间（x）的方程拟合

区域	时间段	方程	R^2	P	转折点	初始 （Mg/hm²）	结束 （Mg/hm²）
东北—水田	1998—2019	$y=0.298x+41.716$	0.522	0.039	—	38.69	47.52
西南—水田	1988—1995	$y=-1.560x+51.564\ x{\leqslant}7.4$	0.409	0.002	1995	48.59	43.04
	1996—2019	$y=0.132x+39.121\ x{>}7.4$					
长江中游— 水田	1988—2002	$y=-1.194x+50.099\ x{\leqslant}14$	0.667	<0.001	2002	44.66	49.15
	2003—2019	$y=0.578x+33.287\ x{>}14$					
华南—水田	1988—2019	$y=-0.525x+60.796$	0.796	<0.001	—	59.80	41.69
西南— 水旱轮作	1988—2019	$y=-0.045x^2+2.189x$ $+20.786$	0.756	<0.001	2012	41.46	45.46
长江中游— 水旱轮作	1988—2001	$y=-1.773x+57.778\ x{\leqslant}13$	0.671	<0.001	2001	42.53	40.43
	2002—2019	$y=0.481x+28.772\ x{>}13$					

（续）

区域	时间段	方程	R^2	P	转折点	初始 (Mg/hm²)	结束 (Mg/hm²)
长江下游— 水旱轮作	1998—2013 2014—2019	$y=-0.137x+33.705\ x\leqslant25$ $y=1.202x-0.155\ x>25$	0.539	<0.001	2013	32.65	37.30

注：初始和结束分别指对应区域和利用方式下开始和近 3 年有机碳密度的均值。

四、影响稻田 SOC 密度变化的因素分析

由图 4-12 可知，SOC 与全氮（TN）之间存在极显著的线性相关关系（$P<0.001$）。综合考虑碳氮较为强烈的耦合关系，以及在进行 SOC 密度计算时已经包含土壤容重因子，在进一步分析各因素对 SOC 密度的重要性时未包含 TN 和容重的影响。提升回归树结果表明（图 4-13），pH 是水田 SOC 密度下降阶段差异的最重要解释变量，且随 pH 增加 SOC 密度呈先正后负的相关关系（$P<0.01$）（分析了重要性排名前 5 名相应指标与有机碳密度之间的相关性），其次是 MAP 和 AK；AK 是 SOC 密度上升阶段差异最重要的解释变量，且呈显著正相关关系（$P<0.01$），其次是 MAT 和 TK。PF 是解释水旱轮作 SOC 密度下降阶段差异的最重要变量，且随 PF 增加 SOC 密度呈先正后负的相关关系（$P<$

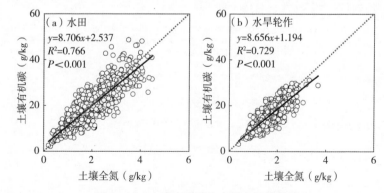

图 4-12　土壤有机碳和全氮之间的关系

0.01），其次是 NF 和 MAP；AP 是 SOC 密度上升阶段差异最重要
解释变量，且呈显著正相关关系（$P < 0.05$），其次是 MAP
和 MAT。

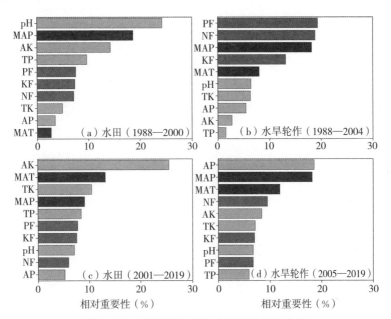

图 4-13　各因素对 SOC 密度的重要性分析

注. MAT：年均温度；MAP：年均降雨；NF：氮肥；PF：磷肥；KF：
钾肥；TP：全磷；TK：全钾；AP：有效磷；AK：速效钾；＋和－：表示正
相关和负相关；±：前期为正相关后期为负相关。＊和＊＊表示显著达到 0.05 和
0.01 水平。

　　就不同区域而言，MAT 是东北、西南和华南地区水田 SOC
密度上升阶段差异最重要的解释变量（表 4-10）；KF 是西南和长
江中游 SOC 密度下降阶段最重要的解释变量；AK 是长江中游
SOC 密度上升阶段差异最重要的解释变量。MAT 是西南地区
SOC 密度差异最重要的解释变量；MAP 华南、NF 是长江中游和
下游 SOC 密度上升阶段差异最重要的解释变量，MAP 和 MAT 分
别为西南和长江中游地区水旱轮作 SOC 密度转折点之前差异最重
要的解释变量，转折点之后均为 AP；长江下游地区在转折点之前

和之后 SOC 密度差异最重要的解释变量分别是 MAP 和 NF。

表 4 - 10 各因素对不同区域 SOC 密度的重要性分析

类型	区域	MAT	MAP	NF	PF	KF	pH	TP	TK	AP	AK
						%					
	东北(1998—2019)	23.1	9.7	13.2	15.0	10.5	9.9	0.2	0.5	10.0	7.9
	西南(1988—1995)	2.2	1.2	17.6	13.4	22.0	0.8	18.2	16.3	4.3	4.1
	西南(1996—2019)	34.9	0.9	8.4	4.4	5.1	2.4	26.2	6.9	3.9	6.8
水田	长江中游(1988—2002)	1.7	4.0	17.4	20.3	20.7	1.4	13.1	17.5	2.2	1.7
	长江中游(2003—2019)	7.7	4.8	5.9	7.3	6.3	7.7	7.3	6.2	4.5	42.4
	长江下游(1997—2019)	5.9	7.8	13.0	11.8	13.6	7.2	9.2	9.9	12.0	9.7
	华南(1988—2019)	19.4	7.8	5.4	5.3	5.4	16.0	13.9	14.4	4.3	8.1
	西南(1988—2012)	0.6	20.0	11.6	16.9	12.3	4.2	12.0	6.8	11.7	3.3
	西南(2013—2019)	7.1	6.7	6.7	9.6	7.5	6.1	14.5	5.7	26.4	9.8
水旱轮作	长江中游(1988—2001)	31.4	4.0	8.9	12.4	11.2	12.0	0.7	3.0	4.4	12.0
	长江中游(2002—2019)	9.6	14.6	10.3	7.2	4.8	7.7	12.6	8.0	15.9	9.3
	长江下游(1998—2013)	9.3	24.8	8.4	7.8	8.5	8.1	2.7	6.6	14.0	9.8
	长江下游(2014—2019)	6.9	12.6	15.6	9.6	10.1	10.7	3.9	3.2	12.1	15.4

五、小结

整体而言，1988—2019 年间不同土地利用方式表现为水田＞水旱轮作。SOC 密度整体上呈先降低后增加的趋势，其中水田和水旱轮作分别在 2000 年和 2004 年之前呈下降趋势，之后呈上升趋势。东北水田 SOC 密度呈逐年增加趋势，西南、长江中游水田呈先降低后增加趋势，华南水田 SOC 密度呈逐年降低趋势。

为有效提升我国农田表层 SOC 密度，在当前的管理模式基础上，整个水田应当重视外源钾的投入（尤其是长江中、下游地区）；水旱轮作下的农田应当重视磷素肥力的提升（尤其是西南和长江中游地区水旱轮作）。

参考文献

龚子同 . 2003. 中国土壤分类［M］. 北京：科学出版社 .

黄杰 . 2015. 水旱轮作体系下水—旱转换过程中土壤养分变化规律研究［D］. 成都：四川农业大学 .

黄耀, 孙文娟 . 2006. 近 20 年来中国大陆农田表土有机碳含量的变化趋势［J］. 科学通报, 51 (7)：750-763.

李建军, 辛景树, 张会民, 等 . 2015. 长江中下游粮食主产区 25 年来稻田土壤养分演变特征［J］. 植物营养与肥料学报, 21 (1)：92-103.

汪吉东, 许仙菊, 宁运旺, 等 . 2015. 土壤加速酸化的主要农业驱动因素研究进展［J］. 土壤, 47 (04)：627-633.

武红亮, 王士超, 闫志浩, 等 . 2018. 近 30 年我国典型水稻土肥力演变特征［J］. 植物营养与肥料学报, 24 (6)：1416-1424.

徐仁扣, 李九玉, 周世伟, 等 . 2018. 我国农田土壤酸化调控的科学问题与技术措施［J］. 中国科学院院刊, 33 (02)：160-167.

杨帆, 徐洋, 崔勇, 等 . 2017. 近 30 年中国农田耕层土壤有机质含量变化［J］. 土壤学报, 54 (5)：1047-1056.

曾希柏, 孙楠, 高菊生, 等 . 2007. 双季稻田改制对作物生长及土壤养分的影响［J］. 中国农业科学, 40 (6)：1198-1205.

Guo J H, Liu X J, Zhang Y, et al. 2010. Significant acidification in major Chinese croplands［J］. Science, 327；1008-1010

Pan G, Li L, Wu L, Zhang X. 2004. Storage and sequestration potential of topsoil organic carbon in China's paddy soils［J］. Global Change Biology, 10 (1)：79-92.

Tang X, Zhao X, Bai Y, et al. 2018. Carbon pools in China's terrestrial ecosystems：New estimates based on an intensive field survey［J］. Proceedings of the National Academy of Sciences, 115 (16), 4021-4026.

Zhu Q C, Liu X J, Hao T X, et al. 2020. Cropland acidification increases risk of yield losses and food insecurity in China［J］. Environmental Pollution, 256, 113145.

第五章

典型稻作区土壤氮磷钾变化特征

第一节 典型稻作区土壤氮素变化特征

在农业生态系统中，氮素是所有植物必需营养元素中对干物质形成最重要的元素（陆景陵，2003），而土壤氮素是土壤肥力质量的主要决定因素和指标，与土壤生产力密切相关（Wang et al.，2015）。研究表明，氮对水稻产量的影响仅次于水分，合理的氮肥施用和土壤氮素供应是保证水稻产量的前提，也是保障粮食安全的基础（邵士梅等，2019）。由于区域气候特性以及种植模式的不同，水稻氮肥用量存在着较大空间差异。从时间尺度来看，氮肥的施用也存在着很大程度的盲目性和不合理性，20世纪60年代以来，世界氮肥的消费增加了7倍，粮食产量却只增加了不到3倍（Wang et al.，2012）。过去的30年，中国的粮食单产提高了98%，同期氮肥的施用却增加了271%，这直接导致了氮肥利用率的显著下降。同时，我国水稻氮肥回收率平均仅为30%，比其他主要水稻种植国家低15%～20%（Cao et al.，2013）。

过量的氮肥施用不仅降低了氮肥利用效率，同时造成土壤质量退化、地表水和地下水体硝酸盐含量超标等一系列环境问题，严重影响到农田的可持续利用。合理的施氮量是保障水稻高产稳产以及提高氮肥利用效率的重要途径，当前水稻生产中的施氮问题仍比较突出。以往关于氮肥施用量的研究大都基于某区域田块尺度短期田间试验或农户调查数据。然而，我国水稻生态区域间的气候条件、稻作制度和土壤条件的不同导致施肥用量差异很大，不同稻区氮素平衡及利用效率时空变化特征尚不明确。因此，本章节通过我国不同稻区多点长期监测试验，在全国尺度上探究长期施肥条件下，探明水稻施氮量以及氮肥偏生产力的时空变化特征，进而指导各稻区水稻氮肥的合理施用。

一、土壤全氮含量时空变化

全国稻区近期（2012—2017 年）土壤全氮平均含量为 1.93g/kg，各稻区土壤全氮含量存在显著差异（图 5-1），以华南和长江中游稻区土壤全氮含量相对较高，分别为 2.08 和 1.99g/kg，显著高于西南（1.75g/kg）和长江下游（1.76g/kg）稻区（$P < 0.05$）。

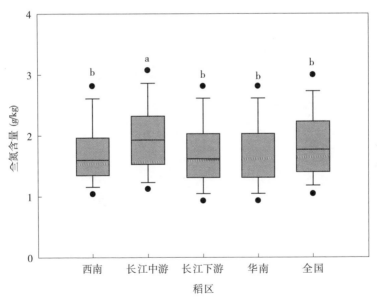

图 5-1　各稻区土壤全氮含量（2012—2017 年均值）

注：图中不同的小写字母表示差异显著（$P < 0.05$）；实心圆圈（●）为异常值，中间实线代表中位数；上下两条线分别代表 75％和 25％的置信区间；上下两个短线分别代表 95％和 5％的置信区间，下同。

近30年（1988—2017年，下同）各稻区土壤全氮平均含量的变化趋势各异（图5-2）。西南稻区土壤全氮含量总体呈下降趋势，平均每10年下降约0.04g/kg，监测开始前20年下降幅度较小，最近10年降幅增大，年下降速率约为0.01 g/kg。长江中游稻区土壤全氮含量呈先降后升，总体稳定的变化趋势，监测开始前20年的年下降速率约为0.01g/kg，近10年的年增加速率约为0.02g/kg。长江下游稻区土壤全氮含量呈先升后降，总体增加的变化趋势，监测开始前15年的年增加速率约为0.03g/kg，近15年的年下降速率约为0.01g/kg。华南稻区土壤全氮含量随监测年限增加显著降低，近30年全氮平均含量从2.59g/kg下降到2.08g/kg，平均每年下降约0.02g/kg。

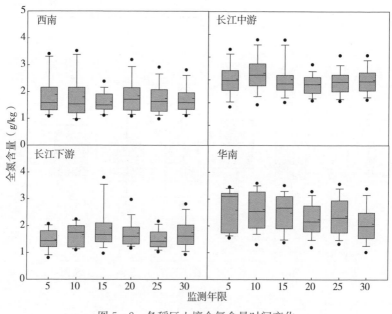

图5-2　各稻区土壤全氮含量时间变化

二、水稻施氮量的时空变化

各稻区近30年氮肥施用量存在显著差异（图5-3）。东北、西南、长江中游（早稻）、长江下游、华南稻区水稻氮肥多年平均施用量分别为 159、140 、179、279 和 284kg/hm²，全国稻区氮肥施用量平均为 202kg/hm²，在我国普遍施氮量的范围之内（150～250kg/hm²）（Peng et al., 2006；Fan et al., 2011）。长江下游和华南稻区氮肥年均施用水平显著高于其他稻区，分别较其他稻区高55.3%～98.6% 和 58.7%～102.9%。可能是由于种植制度的差异，长江下游和华南稻区主要是稻麦、稻蔬等轮作体系，产量相对较高；同时这 2 个区域属于东部沿海季风区，年均气温和降水量相对较高，土壤氮素的分解和养分的转化速度也较快，土壤氮素和养分含量相对较低（冯春梅等，2019），作物要获得高产，对氮肥的需求量相对更大，进而导致其氮素盈余量显著高于其他稻区。东北、西南和长江中游（早稻）稻区之间的氮肥年均施用量有显著差异（$P<0.05$）。

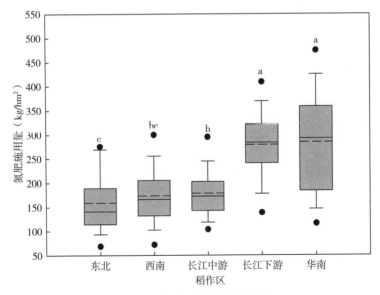

图 5-3 各稻区氮肥施用量变化

就全国氮肥施用年际变化而言（图 5-4），近 30 年年均氮肥施用量在 206～216kg/hm² 之间波动，随施肥年限的增加变化不显著。氮肥施用的中位数变化幅度 178～196kg/hm²，略低于平均水平，其中施肥后 15 年（即 1998—2002 年间）达到最高水平 196kg/hm²。通过对氮肥施用量与施肥年限的线性拟合发现，稻区之间近 30 年的氮肥施用量年际变化趋势各有不同。东北、长江中游（早稻）和华南稻区水稻季年均氮肥施用量随施肥年限整体呈降低趋势，长江中游（早稻）稻区氮肥施用量随施肥年限的增加显著降低（$P<0.05$），年下降速率为 2.5 kg/hm²；东北和华南稻区氮

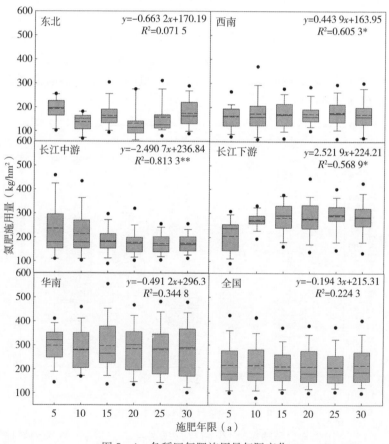

图 5-4　各稻区氮肥施用量年际变化

肥施用量与施肥年限之间相关性没有达到显著水平；西南和长江下游稻区氮肥施用量随施肥年限的增加而显著增加（$P<0.05$），年增加速率分别达 0.4 和 2.5 kg/hm^2，与 30 年前比较，氮肥施用量分别增加 8% 和 38%。长江下游稻区和其他稻区相比较，一直属于氮肥施用量偏高区域，同时还由于需肥量更大的高产品种的推广应用（徐一兰，2014），所以两个稻区氮肥施用量随着施肥年限的增加而增加。

三、典型稻区氮素盈亏和氮肥偏生产力时空变化

各稻区近 30 年氮素表观平衡存在显著差异（图 5-5）。东北、西南、长江中游（早稻）、长江下游和华南稻区水稻氮素年均盈余量分别为 36、1、53、97 和 80kg/hm^2，氮素盈余量分别占氮施用量的 23%、1%、30%、35% 和 28%，西南稻区氮素施用量和水稻吸收带走量基本相当，其他稻区氮素年均盈余量在 36～97kg/hm^2 之间，各稻区之间氮素表观平衡量存在显著差异（$P<0.05$）。

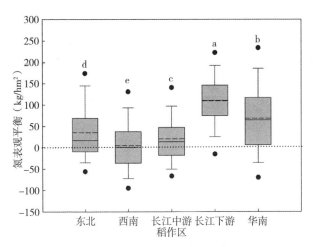

图 5-5　各稻区氮表观平衡

各稻区近 30 年氮素偏生产力存在显著差异（图 5-6）。东北、

西南、长江中游（早稻）、长江下游和华南各稻区水稻氮肥偏生产力分别为 54、51、42、35 和 44kg/kg，全国平均为 45kg/kg。东北和西南稻区氮肥偏生产力显著高于其他稻区，长江下游稻区氮肥偏生产力最低，显著低于（$P<0.05$）其他稻区。

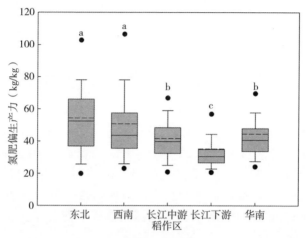

图 5-6　各稻区氮肥偏生产力

就全国氮肥偏生产力年际变化而言（图 5-7），近 30 年水稻氮肥偏生产力在 39～46kg/kg 之间波动，随施肥年限的增加略有提高，但变化不显著。通过对氮肥偏生产力与施肥年限的线性拟合发现，各稻区近 30 年的氮肥偏生产力年际变化趋势不同。东北和长江中游（早稻）稻区水稻氮肥偏生产力随施肥年限的增加显著提高（$P<0.05$），每 10 年分别提高约 9.8 和 7.2kg/kg。主要由于在过去 30 年内，全国稻区氮施用量变化幅度小，且在常规施肥条件下，水稻产量呈增加趋势（韩天富等，2019）。不同稻区由于氮肥施用量差异较大，而氮肥偏生产力随施氮量增加而降低（郭俊杰等，2019），所以东北和长江稻区水稻偏生产力随着施肥年限的增加而提高。随施肥年限的增加，西南和长江下游稻区水稻氮肥偏生产力呈降低趋势，华南稻区略有增加，但 3 个稻区水稻氮肥偏生产力变化与施肥年限之间未呈显著相关关系。

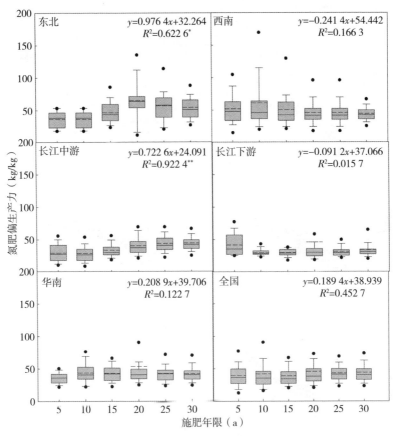

图5-7 各稻区氮肥偏生产力年际变化

四、典型稻区氮平衡和氮素偏生产力对氮肥施用量的响应

各稻区氮素盈余量均随氮肥施用量的增加而显著增加（$P<$
0.001）（图5-8），根据氮素盈亏量与氮肥投入的线性拟合方程可
知，各稻区要维持氮素表观平衡，即盈余量为0时，东北、西南、
长江中游（早稻）、长江下游和华南稻区氮肥施用量分别为123、
172、121、162和234kg/hm²。其中，华南稻区所需氮肥施用量最

高，是其他稻区的 1.4～1.9 倍。

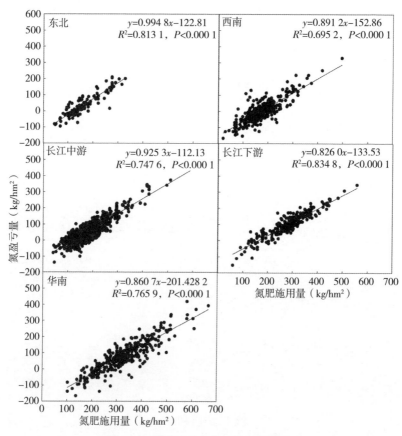

图 5-8　氮素盈亏与氮肥施用量的关系

　　随着氮肥施用量的增加，各稻区氮肥偏生产力均下降，两者呈指数关系（$P<0.000\ 1$）（图 5-9），氮肥偏生产力降低到一定幅度即处于相对稳定水平，东北、西南、长江中游（早稻）、长江下游和华南稻区氮肥偏生产力最低水平分别为 28、28、25、26 和 30kg/kg。基于氮肥偏生产力对氮肥施用量的响应关系（图 7-7），当各稻区氮肥偏生产力多年平均值均大于中位数（图 7-4），说明各稻区大多数监测点的氮肥偏生产力未达到平均水平，如果按达到

各稻区氮肥偏生产力平均水平来计算，东北、西南、长江中游（早稻）、长江下游和华南稻区对应的氮肥施用量分别为 134、141、159、210 和 275kg/hm²，因此，为提高氮肥偏生产力，建议各稻区氮肥施用量以不超过该数值为宜。

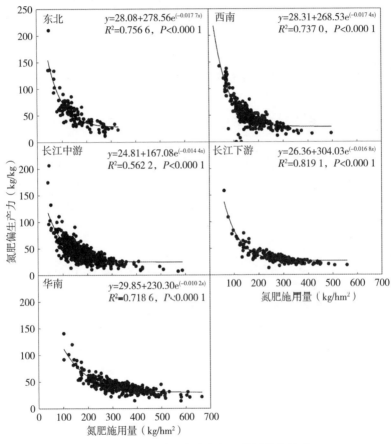

图 5-9 氮肥偏生产力与氮肥施用量的关系

五、小结

近 30 年间，东北、西南、长江中游（早稻）、长江下游和华南稻区水稻氮肥多年平均施用量分别为 159、140、179、279 和 284kg/hm²，全国稻区氮肥施用量平均为 202kg/hm²。西南和长江下游稻区氮肥施用量随施肥年限的增加而显著增加（$P < 0.05$）。整体而言，全国氮肥施用量随施肥年限的增加无显著变化。

近 30 年间，东北、西南、长江中游（早稻）、长江下游和华南稻区水稻氮素年均盈余量分别为 36、1、53、97 和 80kg/hm²，氮素盈余量分别占氮肥施用量的 23%、1%、30%、35%和 28%。各稻区之间氮素表观平衡量存在显著差异（$P < 0.05$）。东北、西南、长江中游（早稻）、长江下游和华南稻区水稻氮肥偏生产力分别为 54、51、42、35 和 44kg/kg，平均为 45kg/kg，仅东北和长江中游（早稻）稻区水稻氮肥偏生产力随施肥年限增加显著提高（$P < 0.05$）。

综合考虑维持土壤氮平衡和提高氮肥偏生产力，东北、西南、长江中游（早稻）、长江下游和华南稻区推荐适宜施氮量分别为 123、141、121、162 和 234kg/hm²，为各稻区水稻氮肥的合理施用提供理论依据。

第二节　典型稻作区土壤磷素变化特征

水稻是我国主要的粮食作物之一，我国约 60%以上的人口以稻谷为主食，因此，水稻产量的稳定增长是保障我国粮食安全的根本（程勇翔等，2012）。而在水稻生产中，土壤中有效磷的含量是判定磷肥投入水平的重要因素，对水稻生长起着至关重要的作用。但是，与氮钾相比，磷肥施入土壤后，很容易被土壤颗粒表面或土壤中的铁铝氧化物等吸附转化成作物难以吸收的难溶性磷酸盐（李寿田等，2003），导致磷肥当季利用率一般较低，为 10%～25%（杨凯等，2009）。同时，农户习惯施肥中磷肥投入常常超出作物实际需磷量，造成土壤中磷素累积量逐渐增加，导致部分稻作区地表和地下水中含磷量严重超标，污染环境（贾学萍等，2015）。因此，了解稻田土壤磷素的时空演变及其盈亏平衡，在提高磷肥利用率的同时降低环境风险是当前的重点和难点。

近年来，在我国南方稻作区对土壤磷素的演变特征进行了大量的研究。鲁艳红等（2017）在红壤性水稻土研究中发现，不施磷肥导致红壤性水稻土磷素的亏缺，而施用化肥磷及化肥磷配施稻草等土壤磷素出现盈余，土壤每盈余磷 $100kg/hm^2$，全磷含量提高 $0.03g/kg$，有效磷含量提高 $1.2mg/kg$。黄继川等（2014）研究表明，广东省水稻土有效磷含量总体处于丰富水平，由于在水稻生产中普遍施用过多的磷肥，与第二次土壤普查结果相比，全省土壤有效磷含量平均提高 $13.34mg/kg$，相对提高 87.19%。袁平（2019）通过分析太湖地区 37 个县水稻土有效磷含量动态变化得出，从 1982—2000 年，太湖各地区土壤有效磷含量均有不同程度的上升，平均增加 $3.11mg/kg$。刘占军（2014）在关于我国南方低产水稻土养分特征的研究中指出，南方各低产水稻土区域因不平衡施肥导致有效磷含量空间分布出现显著差异，整体表现为东南高、西南低，其中西南稻区大面积为低磷区域（$<10mg/kg$），土壤有效磷表现为亏缺。但是，我国稻作区分布广泛，不同稻作区的土壤类型、种植制度和施肥制度差异较大。因而，基于全国尺度出发的研究可以为各主要稻作区合理的磷肥施用提供理论参考。为此，通过分析农业农村部全国水稻土监测数据，按照监测点位的施肥年限每隔 5 年划分成 6 个阶段，分别为 1988—1992（施肥 5 年）、1993—1997（施肥 10 年）、1998—2002（施肥 15 年）、2003—2007（施肥 20 年）、2008—2012（施肥 25 年）和 2013—2017（施肥 30 年），在分析土壤有效磷时空变化、磷肥回收率和磷肥农学效率的基础上，结合各区域磷素表观平衡，深入研究不同区域土壤有效磷含量与磷素盈亏的量化关系。

一、不同区域稻田土壤有效磷的时空变化

近 30 年来，各区域的土壤有效磷含量高低顺序为：华南＞东北＞长江下游＞长江中游＞西南，分别为 33.71、21.79、20.06、17.24 和 12.49mg/kg（图 5 - 10），这主要是施磷量与土壤母质差异

有关。一方面，华南地区年均磷肥投入量可达 88.96kg/hm²，而西南地区施磷量则较低（70.01kg/hm²），导致土壤有效磷含量年均增速较慢（刘占军，2014）；另一方面，华南区稻田土壤大多为三角洲沉积物，土壤本底有机质含量较高，且近年来有机质含量仍呈升高趋势（黄继川等，2014），而有机质可与磷酸盐竞争土壤中铁铝氧化物的表面结合位点（Guan et al.，2006；Wang et al.，2015），有机质含量的增加能够促进土壤中铁铝氧化物释放吸附态磷，进而增加土壤有效磷含量（Guppy et al.，2005；Fink et al.，2016）。

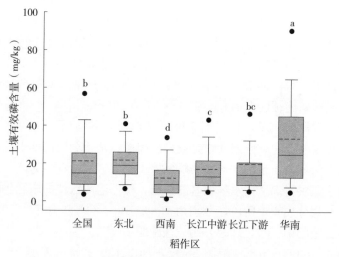

图 5 - 10　不同区域稻田土壤有效磷含量

时间尺度上，全国范围土壤有效磷含量随施肥年限的延长而显著升高（$P<0.05$）（图 5 - 11），年均增速为 0.36mg/kg。与展晓莹等（2015）研究结果（年增加量为 0.74mg/kg）相比，本研究结果偏低，究其原因可能是本研究监测年限较长，监测范围主要集中于全国稻田土壤（除西北和华北地区），且未涉及旱地土壤。线性拟合方程斜率（表 5 - 1）表明，东北、长江下游和长江中游没有明显的趋势变化，华南和西南区土壤有效磷含量随施肥年限的延

长而显著升高（$P<0.05$），年增速分别为 0.65 和 0.3mg/kg，以华南区增速最快。

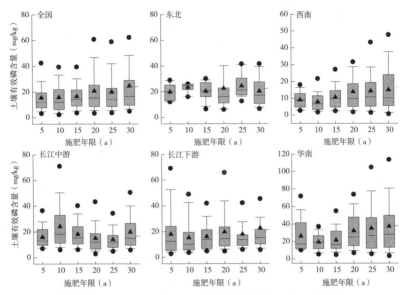

图 5-11　不同区域稻田土壤有效磷含量 30 年变化趋势

　　注：图中不同的小写字母表示差异显著（$P<0.05$）；实心圆圈"●"为离群值，中间实线代表中位数，虚线代表平均值；上下两条线分别代表 75% 和 25% 的置信区间；上下两个短线分别代表 95% 和 5% 的置信区间，▲ 代表平均值，下同。

表 5-1　不同区域稻田土壤有效磷含量（y）与施肥年限（x）的相关分析

区域	线性拟合方程	R^2	P
全国	$y=0.355\ 3x+12.699\ 0$	0.865 5**	0.007 0
东北	$y=0.046\ 8x+21.052\ 0$	0.051 0	0.667 0
长江下游	$y=0.206\ 8\ x+14.637\ 0$	0.501 9	0.115 0
长江中游	$y=-0.084\ 0\ x+19.296\ 0$	0.043 8	0.691 0
华南	$y=0.646\ 8x+17.200\ 0$	0.676 9*	0.044 0
西南	$y=0.298\ 7x+6.548\ 0$	0.867 0**	0.007 0

　　注：* 表示相关性达到显著水平（$P<0.05$）；** 表示相关性达到极显著水平（$P<0.01$）。

二、不同区域稻田土壤磷肥回收率的变化

全国稻田土壤磷肥回收率平均值为 28.03％，长江中游、东北、长江下游、华南和西南区磷肥回收率分别为 25.2％、25.71％、27.04％、29.49％和 35.92％，由北向南逐渐升高，并以西南区最高（图 5-12）。磷肥回收率随施肥年限的延长而显著增加（$P<0.05$），全国平均增速为 0.32％。东北、长江中游、长江下游、华南和西南区年均增加速率分别为 0.79％、0.58％、0.4％、0.29％和 0.21％，以东北区增速最快（表 5-2）。

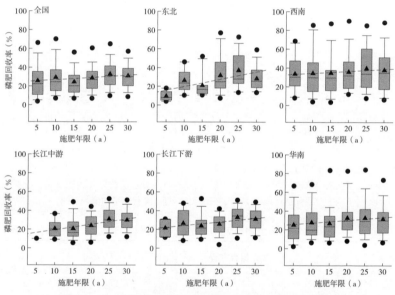

图 5-12 不同区域稻田土壤磷肥回收率 30 年变化趋势

注：虚斜线表示土壤磷肥回收率与施肥年限的拟合趋势；长江中游区因 1988—1992 年无肥区产量数据不足无法计算磷肥回收率。

表 5-2 不同区域稻田土壤磷肥回收率（y）与施肥年限（x）的相关分析

区域	线性拟合方程	R^2	P
全国	$y=0.321\ 4x+22.409\ 0$	0.720 3*	0.033 0

（续）

区域	线性拟合方程	R^2	P
东北	$y=0.789\,7x+11.886\,0$	$0.588\,8*$	$0.047\,0$
长江下游	$y=0.403\,9x+19.969\,0$	$0.727\,3*$	$0.031\,0$
长江中游	$y=0.583\,3x+13.530$	$0.850\,4*$	$0.026\,0$
华南	$y=0.293\,4x+24.358\,0$	$0.729\,9*$	$0.030\,0$
西南	$y=0.211\,8x+32.215\,0$	$0.766\,1*$	$0.022\,0$

注：＊表示相关性达到显著水平（$P<0.05$）。

三、不同区域稻田磷肥农学效率的变化

图 5－13 显示，全国稻田平均磷肥农学效率为 58.48kg/kg，长江中游、长江下游、东北、华南和西南区磷肥农学效率平均分别为 46.83、49.83、53.99、63.72 和 69.02kg/kg，在全国范围内呈

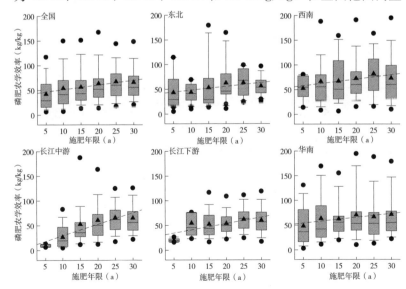

图 5－13　不同区域稻田土壤磷肥农学效率 30 年变化趋势

注：虚斜线表示土壤磷肥农学率与施肥年限的拟合趋势。

南北高、中间低的趋势，以西南区最高，说明西南区更需要重视磷肥的施用。表 5-3 表明，全国稻田磷肥农学效率随施肥年限的延长而显著提高（$P<0.01$），年均升高 0.94kg/kg。各区域磷肥农学效率呈现与全国相似趋势，长江中游、长江下游、东北、西南和华南区磷肥农学效率年均增加分别为 2.32、1.29、0.89、0.89 和 0.76kg/kg，可见，长江中游区的磷肥施用增产效果优于其他区域。

表 5-3 不同区域稻田土壤磷肥农学效率（y）
与施肥年限（x）的相关分析

区域	线性拟合方程	R^2	P
全国	$y=0.942\ 9x+41.982\ 0$	0.875 4**	0.006 0
东北	$y=0.885\ 0x+39.690\ 0$	0.608 1*	0.049 0
长江下游	$y=1.285\ 1x+28.136\ 0$	0.610 3*	0.037 0
长江中游	$y=2.320\ 6x+62.154\ 0$	0.855 9**	0.008 0
华南	$y=0.764\ 2x+50.349\ 0$	0.721 4*	0.032 0
西南	$y=0.886\ 5x+53.508\ 0$	0.716 1*	0.034 0

注：＊表示相关性达到显著水平（$P<0.05$）；＊＊表示相关性达到极显著水平（$P<0.01$）。

四、不同区域稻田土壤有效磷含量对磷平衡的响应

由图 5-14 可知，全国主要稻田土壤中磷素累积量随施肥年限的延长逐渐增加，年均磷盈余量为 35.03kg/hm²，约占磷肥平均投入量的 44.16%。各区域均表现为盈余状态，年均盈余在 20.69～51.31kg/hm² 之间，占磷肥施入量的 42.73%～52.56%。磷素累积盈余量呈南北高、中间低的趋势，并以华南区最高，长江下游区最低。土壤磷素累积盈余量随化学磷肥和有机磷肥施入总量的增加而显著增加（$y=1.0201\ x-42.698$，$R^2=0.949\ 6$，$n=23$）。其中，长江下游、长江中游和西南区早期因磷肥投入量较低

出现短暂亏缺状态，随施肥年限的延长及施磷量的增加，逐渐出现
盈余，与研究结果较为一致。

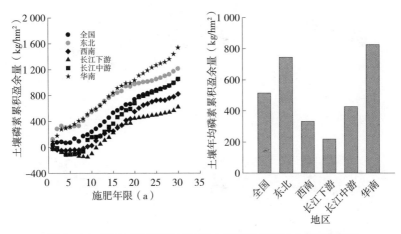

图5-14　近30年不同区域稻田土壤磷素累积盈余量变化趋势

由图5-15可知，就全国范围来看，土壤有效磷含量与磷素累
积盈余量呈显著正相关关系（$P<0.05$），土壤中平均每盈余磷素
$100kg/hm^2$，土壤有效磷含量增加0.82mg/kg。华南和西南区也呈
现显著增加趋势，土壤中每累积盈余磷素$100kg/hm^2$，土壤有效
磷含量分别增加2.25和0.85mg/kg。东北、长江下游和长江中游
区土壤有效磷含量分别在21.79、20.06、17.24mg/kg左右浮动，
与土壤磷素累积盈余量之间相关关系不显著。这与土壤磷的有效性
有关，一方面，当土壤中磷素累积未超过磷素累积阈值时，土壤有
效磷含量会受年际间降水、年际均温及土壤组分（有机质和黏粒含
量）等影响而上下波动（Zhang et al.，2019）；另一方面，土壤中
碳酸盐和铁铝氧化物对磷素有较强的吸附作用（杨凯等，2009；宋
春丽等，2012），长江下游和长江中游区主要土壤类型为潮土和红
壤，土壤含有丰富的碳酸盐和铁铝氧化物，加强了对土壤磷的吸
附，导致年际间土壤有效磷含量变化不显著（展晓莹等，2015；刘
彦伶等，2016）。

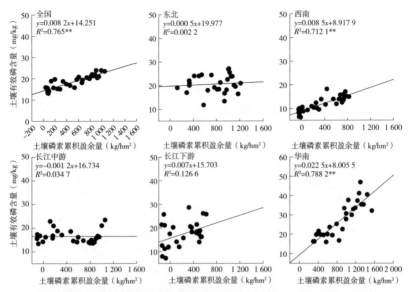

图 5-15 不同区域土壤有效磷含量与磷素累积盈余量的相关分析

注：斜线表示土壤磷肥农学率与施肥年限的拟合趋势；n 表示样本数；R^2 表示方程的绝对系数；**表示相关性达到极显著水平（$P < 0.01$）。

五、小结

近 30 年来，全国稻田土壤有效磷含量平均值为 21.18mg/kg，并随施肥年限的延长而显著提高。各区域土壤磷素累积均表现为盈余状态，平均每盈余磷素 100kg/hm²，土壤有效磷含量增加 0.82mg/kg。不同区域土壤磷素累积盈余量和有效磷含量均呈现出华南和东北较高的趋势。各区域磷肥回收率和农学效率均随施肥年限的延长而升高，但各区域的增幅明显不同，磷肥农学效率以西南区最高。因此，不同区域应适当调整磷肥施用量。针对西南区磷肥农学效率最高，且当前的施磷量较低，建议合理增加该区域的施磷量以保证作物的正常磷素需求；华南区的施磷量相对较高，可能导致磷素累积盈余量超过土壤磷素累积阈值，建议合理降低该区域的施磷量，提高磷素利用率，从而降低面源污染风险。

第三节　典型稻作区土壤钾素变化特征

水稻是中国的主要粮食作物，目前，中国水稻种植面积 3 300 多万 hm^2，占全国粮食作物播种面积的 27.4%，其产量约占全国粮食总产量的 36.1%（Zhang et al.，2017）。研究表明，由于秸秆还田、种植绿肥等农业技术的推广，1980 年以来全国尺度的水稻土有机碳储量、速效氮磷钾含量等均得到明显提升（Zhao et al.，2018；武红亮等，2018）。我国地域辽阔，东北、长江下游、长江中游、华南和西南等区域均有大面积的水稻种植（武红亮等，2018；刘珍环等，2013），但不同区域水稻的种植模式不一，主要的稻作模式有单季稻、双季稻和水稻与其他作物轮作等（程勇翔等，2012）。因此，长期的水稻种植过程中，不同区域的水稻土肥力水平差异较大（武红亮等，2018）。

作为植物所需的三大元素之一，钾在作物产量、品质和抗逆方面的作用至关重要（Wang et al.，2017）。虽然已有研究表明，由于成土母质的差异，全国土壤钾素的含量分布趋势为西北大于东南（Zhang et al.，2009），在长期施肥条件下，由于主要黏土矿物类型不同，不同土壤类型的固钾能力差异较大（Zhang et al.，2009）。在华北地区，与不施钾肥相比，施钾肥和秸秆还田均可显著提高土壤速效钾含量，不同点位的土壤速效钾增幅和固钾能力也存在差异（谭德水等，2008），且主要集中于 0～30 cm 土层（Zhao et al.，2014）。此外，受钾肥施用量的影响，与粮食作物相比，种植经济作物条件下土壤速效钾的增幅明显较快（He et al.，2015）。但是，这些基于长期定位试验的单点或多点研究均由于施肥量偏低（20 世纪 80～90 年代的施肥水平）（Zhang et al.，2009；谭德水等，2008），不能涵盖全国稻区面上尺度状况（Zhao et al.，2014）和不同区域（He et al.，2015；李建军等，2015 ）等因素特征，难以较好地揭示全国尺度下水稻土的钾素时空变化趋势。同时，自我国改革开放以来，全国稻作区的水稻品种、钾肥施用和产量水平等发生较大变化（武红亮等，2018；李建军等，2015），因此，开展不同区域水稻土的钾素时空变化特征研究，对于指导我国未来的土壤钾素管理和钾肥合理施用意义重大。本研究基于农业农村部自 1988 年开始布置于全国的水稻土监测数据，深入分析东北、西南、长江中游、长江下游和华南等稻作区土壤速效钾的时空变化规律，并进一步明确土壤速效钾与钾肥偏生产力及钾素表观平衡的量化关系，以期为不同区域水稻土制定具体的土壤钾素管理策略提供理论和技术支撑。

一、不同区域水稻土速效钾时空变化

土壤速效钾是直接影响水稻钾素吸收的土壤钾素形态之一（廖育林等，2017）。由于我国水稻土分布广泛，不同区域的水稻土钾素含量也不同（武红亮等，2018）。图 5 - 16 显示，在 1988—2017年的 30 年间，东北、长江下游、长江中游、华南和西南区域水稻

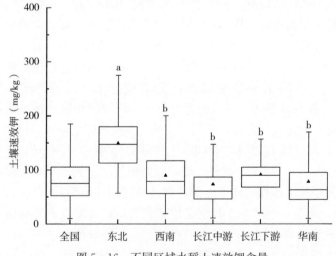

图 5 - 16　不同区域水稻土速效钾含量

注：图中不同的小写字母表示差异显著（$P<0.05$）；中间实线代表中位数；▲代表平均值；上下两条线分别代表 75% 和 25% 的置信区间；上下两个短线分别代表 95% 和 5% 的置信区间，下同。

土的速效钾含量平均值分别为 149.1、91.28、73.27、78.31 和 89.84mg/kg，全国的平均值为 96.37mg/kg。不同区域间相比，东北的水稻土速效钾含量显著高于长江下游、长江中游、华南和西南，而长江下游、长江中游、华南和西南的土壤速效钾含量则无显著差异。这与前人的研究（武红亮等，2018；He et al.，2015；李建军等，2015）相似，其原因主要与各区域水稻土的成土母质含钾矿物不同有关，其中，东北水稻土成土母质的含钾矿物以钾长石和伊利石为主（刘淑霞等，2002），而长江下游、长江中游、华南和西南（除了紫色土发育的水稻土）的成土母质中含钾矿物较少（朱永官等，1994；谢青等，2016）。

1988—2017 年间，尤其是在试验后期，随着钾肥的普遍施用和秸秆还田的大力推广（李建军等，2015），除了西南之外，东北、长江下游和华南的水稻土速效钾含量均呈现出先稳定然后随着试验年限的增加而逐渐提升的趋势（图 5-17），且可以用双直线方程进行拟合（$P<0.05$），但不同区域的时间转折点不一。表 5-4 结果显示，全国水稻土速效钾含量在试验 14 年后开始随试验年限延

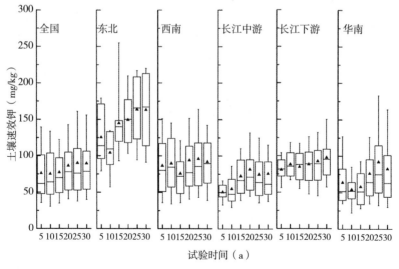

图 5-17 不同区域水稻土速效钾含量与试验时间的关系

长而增加，东北、长江下游、华南区域的土壤速效钾含量则分别在
试验 13、11、23 和 13 年后开始快速提升；而长江中游则表现出试
验 23 年内土壤速效钾随试验年限延长而快速增加，其年均增速为
1.59 mg/kg，23～30 年则基本稳定（土壤速效钾为 75.18mg/
kg）。进一步通过线性拟合方程的斜率发现，不同区域间水稻土速
效钾含量的年均增幅明显不同，全国水稻土速效钾含量在试验14～
30 年内的年均增幅为 0.81mg/kg，东北（13～30 年）、长江下游
（11～30 年）和华南（13～30 年）水稻土速效钾含量的年均增幅则
分别为 1.39、0.85 和 1.79 mg/kg。这与武红亮等（2018）的研究
结果相似。原因主要与各区域钾肥投入和根系分泌物活化钾素有关
（何冰等，2015；Shahrokh et al.，2019）。

表 5-4 不同区域水稻土速效钾含量（y）与试验时间（x）的拟合方程

区域	拟合方程	R^2	P
全国	$y=75.59,\ x<14.0$ $y=0.811\,2x+67.55,\ x>13.5$	0.785 8	0.0413 4
东北	$y=115.0,\ x<13.0$ $y=1.389x+124.0,\ x>12.5$	0.865 6	0.033 42
西南	$y=88.09,\ x<12.0$ $y=0.999\,6x+66.93,\ x>12.0$	0.483 3	0.194 4
长江中游	$y=1.596x+48.82,\ x<22.5$ $y=75.18,\ x>23.0$	0.989 4	0.022 45
长江下游	$y=84.46,\ x<11.0$ $y=0.843\,8x+71.69,\ x>11.0$	0.995 5	0.002 20
华南	$y=58.83,\ x<13.0$ $y=1.793x+36.77,\ x>13.0$	0.743 5	0.048 36

二、不同区域钾肥偏生产力变化

在图 5-18 中，各区域水稻钾肥偏生产力基本呈现出长江下游
和西南较高，其次为东北，而长江中游和华南则较低的趋势。进一

步分析发现，水稻钾肥偏生产力与试验时间的关系均可用线性方程拟合（$P<0.05$）。但线性方程的斜率表明，各区域水稻钾肥偏生产力的年均增幅差异较大（表5-5）。30年间全国的钾肥偏生产力年均增幅为0.56kg/kg；在不同区域间，则呈现出长江下游和华南的钾肥偏生产力年均增幅（1.00和0.82kg/kg）较高，其次为东北和长江中游（0.49和0.36kg/kg），而西南最低（0.15kg/kg）的趋势。原因可能与水稻品种、气候条件和钾肥运筹等有关（袁嫚嫚等，2018；赵欢等，2016），具体原因尚有待进一步研究和分析。

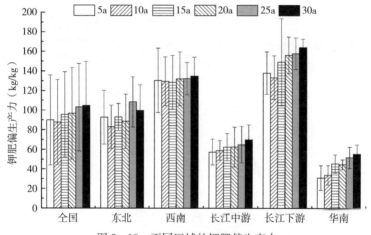

图5-18 不同区域的钾肥偏生产力

注：图中数值为平均值±标准差，下同。

表5-5 不同区域钾肥偏生产力（y）与试验时间（x）的拟合方程

区域	拟合方程	R^2	P
全国	$y = 0.563\,5x + 87.37$	0.919 9	0.002 36
东北	$y = 0.492\,0x + 86.46$	0.413 9	0.031 24
西南	$y = 0.145\,1x + 128.9$	0.541 7	0.032 46
长江中游	$y = 0.364\,7x + 56.87$	0.910 3	0.001 36
长江下游	$y = 0.999\,6x + 133.9$	0.926 1	7.46×10^{-4}
华南	$y = 0.816\,0x + 30.69$	0.971	0.001 54

三、土壤速效钾含量与钾肥偏生产力的相互关系

土壤速效钾含量通过影响水稻钾吸收调控钾肥的增产作用（王伟妮等，2011）。本研究表明，土壤速效钾含量与钾肥偏生产力存在显著的正相关关系，因此，提升土壤速效钾含量是提高我国水稻钾肥偏生产力的重要途径之一。土壤速效钾含量与钾肥偏生产力存在显著的正相关关系（图 5-19），在全国尺度上可用双直线方程进行拟合（$P < 0.05$）。当土壤速效钾含量低于 100.8mg/kg 时，土壤速效钾含量每增加 10mg/kg，水稻的钾肥偏生产力增加23.93kg/kg；当土壤速效钾含量高于 100.8mg/kg 时，土壤速效钾含量每增加 10mg/kg，水稻的钾肥偏生产力增加 3.09kg/kg。这说明土壤速效钾含量越高，钾肥的偏生产力增幅越小。

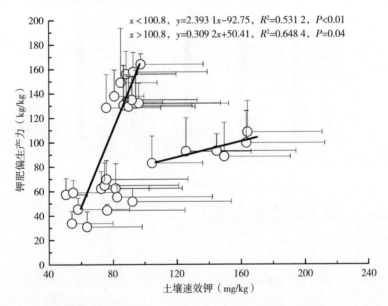

图 5-19　全国尺度上土壤速效钾含量与钾肥偏生产力的关系

表 5-6 表明，除了西南之外，各区域水稻钾肥偏生产力与土壤速效钾含量的关系均可用线性方程拟合（$P < 0.05$）。但不同区

域中线性方程的斜率明显不同，土壤速效钾含量每增加 10mg/kg，30 年间长江下游的水稻钾肥偏生产力提升幅度（1.51kg/kg）最高，其次为华南和东北（0.49 和 0.31kg/kg），长江中游最低（0.26kg/kg）。原因可能与 30 年内化学钾肥的施用和秸秆还田的推广显著改变了我国不同区域间钾素盈亏状态有关（Liu et al.，2017）。

表 5-6　不同区域钾肥偏生产力（y）与土壤速效钾
含量（x）的拟合方程

区域	拟合方程	R^2	P
东北	$y=0.309\,2x+50.41$	0.648 4	0.042 66
西南	$y=0.214\,4x+112.2$	0.469 0	0.203 0
长江中游	$y=0.263\,0x+44.70$	0.556 2	0.044 55
长江下游	$y=1.512\,0x+15.78$	0.534 7	0.027 82
华南	$y=0.486\,7x+9.045$	0.575 1	0.092 52

四、钾素表观平衡变化及其与土壤速效钾含量的相关关系

通过估算表明，全国及各区域的水稻土钾素表观平衡均呈现出试验 10 年内（1988—1998）为亏缺或平衡状况，而 10 年后（1998—2017）则均表现为盈余（图 5-20）。但是不同区域间的钾素盈余量差异较大，其中，以华南的水稻土钾素盈余量最高，其次为长江中游，而东北、长江下游和西南则较低。Liu 等（2017）研究也表明，由于化学钾肥的施用和秸秆还田的推广，与 1980 年相比，2010 年的土壤钾素表观平衡已经开始从匮缺向盈余转变；在 2010 年，除了东北地区为钾素匮缺之外，其余地区均表现为钾素盈余，且东南地区的钾素盈余量最高。其中，东北稻作区的钾素盈余则主要是由于本研究主要以水稻季的钾肥投入和输出为主，而不同作物的钾素投入与吸收差异较大（徐国华等，1995），进而可能影响了钾素平衡的估算。因此，后续有待针对东北地区进行不同作

物系统下钾素的表观平衡研究，以期较为客观地揭示该区域的钾素表观平衡。此外，生态条件和土壤类型也显著影响钾素盈亏，廖育林等（2008）研究认为，与洞庭湖生态区紫潮泥田相比，丘陵生态区红黄泥田的钾素匮缺量明显偏高。然而，除了土壤速效钾和钾素盈余之外，钾肥用量和水稻品种特性等（曾德武等，2012；张福锁等，2008）也可能显著影响钾肥偏生产力。

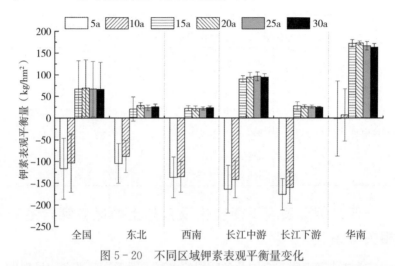

图 5-20　不同区域钾素表观平衡量变化

　　稻作系统内钾素的表观平衡可以在一定程度上影响土壤速效钾含量。表 5-7 结果显示，除了西南之外，线性方程均可较好地拟合各区域中土壤速效钾含量与钾素表观平衡的相关关系（$P <$ 0.05），这与其他人（董艳红等，2014）在水稻土上的研究结果相似。结合拟合方程的斜率表明，在全国尺度上，稻作区钾素盈余量每增加 1kg/hm^2，土壤速效钾含量增加 0.06mg/kg；而在不同区域，则以东北的土壤速效钾含量增幅最高（0.32mg/kg），其次为华南和长江中游（增幅分别为 0.11 和 0.10mg/kg），而长江下游最低（增幅为 0.03mg/kg）。根据拟合方程进一步推算可知，当系统内钾素呈现平衡状态（$x = 0$）时，全国水稻土的速效钾含量为 81.94mg/kg，而东北、长江下游、长江中游和华南区域的水稻土

速效钾含量则分别为 146.9、89.86、67.14 和 59.06mg/kg，原因可能与土壤钾素形态转化有关。前人研究（谢青等，2016；王笋等，2012）表明，种植作物的根系特征、土壤含钾矿物类型和铵根离子及有机质含量等均显著影响土壤速效钾含量。总之，在稻作系统中，不同区域的钾肥施用和秸秆还田有利于土壤速效钾的提升。本研究根据拟合方程进一步推算可知，不同区域稻作系统中钾素维持平衡状态时，水稻土速效钾含量差异较大。因此，在后续的钾肥资源配置上，建议重点向长江下游和西南等地区进一步推广秸秆还田和钾肥施用，同时，各稻作区应因地制宜，结合土壤速效钾含量综合调控钾肥运筹和推广秸秆还田。

表 5-7　不同区域土壤速效钾含量（y）与钾素表观平衡（x）的拟合方程

区域	拟合方程	R^2	P
全国	$y=0.057\ 5x+81.94$	0.666 9	0.046 54
东北	$y=0.322\ 1x+146.9$	0.767 6	0.018 33
西南	$y=0.008\ 3x+89.23$	0.008 6	0.835 6
长江中游	$y=0.095\ 7x+67.14$	0.942 6	3.47×10^{-4}
长江下游	$y=0.032\ 7x+89.86$	0.718 1	0.028 00
华南	$y=0.105\ 5x+59.06$	0.765 4	0.027 86

五、小结

1988—2017 年间，东北区水稻土速效钾含量显著高于其他水稻种植区域。除了长江中游的水稻土速效钾随试验年限呈先增加后稳定的趋势，东北、长江下游和华南的水稻土速效钾含量则呈现先稳定后增加的趋势。不同区域间，当增加相同的土壤速效钾含量，长江下游的水稻钾肥偏生产力提升幅度最高，其次为华南和东北，长江中游最低。除了西南之外，其他区域的钾素表观盈余均显著促进了土壤速效钾含量的提升。

参考文献

程勇翔，王秀珍，郭建平，等.2012.中国水稻生产的时空动态分析［J］.中国农业科学，45（17）：3473-3485.

董艳红，王火焰，周健民，等.2014.不同土壤钾素淋溶特性的初步研究［J］.土壤，46（2）：225-231.

冯春梅，刘书田，侯彦林，等.2019.中国东部沿海季风区土壤全氮格局及其与水热条件关系［J］.广西师范学院学报（自然科学版），36（1）：88-93.

郭俊杰，柴以潇，李玲，等.2019.江苏省水稻减肥增产的潜力与机制分析［J］.中国农业科学，52（5）：849-859.

韩天富，马常宝，黄晶，等.2019.基于 Meta 分析中国水稻产量对施肥的响应特征［J］.中国农业科学，52（11）：1918-1929.

何冰，薛刚，张小全，等.2015.有机酸对土壤钾素活化过程的化学分析［J］.土壤，47（1）：74-79.

黄继川，彭智平，徐培智，等.2014.广东省水稻土有机质和氮、磷、钾肥力调查［J］.广东农业科学，41（6）：70-73.

贾学萍，刘勤，张焕朝.2015.不同水稻土对磷吸附的影响因素研究［J］.河南科技学院学报（自然科学版），43（4）：7-13.

李建军，辛景树，张会民，等.2015.长江中下游粮食主产区 25 年来稻田土壤养分演变特征［J］.植物营养与肥料学报，21（1）：92-103.

李寿田，周健民，王火焰，等.2003.不同土壤磷的固定特征及磷释放量和释放率的研究［J］.土壤学报，40（6）：908-914.

廖育林，鲁艳红，谢坚，等.2017.长期施用钾肥和稻草对红壤双季稻土壤供钾能力的影响［J］.土壤学报，54（2）：456-467.

廖育林，郑圣先，聂军，等.2008.不同类型生态区稻—稻种植制度中钾肥效应及钾素平衡研究［J］.土壤通报，39（3）：612-618.

刘淑霞，赵兰坡，李楠，等.2002.吉林省主要耕作土壤中含钾矿物组成及其与不同形态钾的关系［J］.植物营养与肥料学报，8（1）：70-76.

刘彦伶，李渝，张雅蓉，等.2016.长期施肥对黄壤性水稻土磷平衡及农学阈值的影响［J］.中国农业科学，49（10）：1903-1912.

刘占军.2014.我国南方低产水稻土养分特征与质量评价［D］.北京：中国农业大学.

刘珍环，李正国，唐鹏钦，等.2013.近 30 年中国水稻种植区域与产量时空

变化分析 [J]. 地理学报，68 (5)：680-693.

鲁艳红，廖育林，聂军，等 .2017. 长期施肥红壤性水稻土磷素演变特征及对磷盈亏的响应 [J]. 土壤学报，54 (6)：161-175.

陆景陵 .2003. 植物营养学（上）[M]. 第 2 版 . 北京：中国农业大学出版社 .

邵士梅，马丙菊，常雨晴，等 .2019. 水氮互作对水稻产量形成的影响研究进展 [J]. 中国稻米，25 (3)：21-25.

宋春丽，樊剑波，何园球，等 .2012. 不同母质发育的红壤性水稻土磷素吸附特性及其影响因素的研究 [J]. 土壤学报，49 (3)：607-611.

谭德水，金继运，黄绍文，等 .2008. 长期施钾与秸秆还田对华北潮土和褐土区作物产量及土壤钾素的影响 [J]. 植物营养与肥料学报，14 (1)：106-112.

王伟妮，鲁剑巍，鲁明星，等 .2011. 湖北省早、中、晚稻施钾增产效应及钾肥利用率研究 [J]. 植物营养与肥料学报，17 (5)：1058-1065.

王筝，鲁剑巍，张文君，等 .2012. 田间土壤钾素有效性影响因素及其评估 [J]. 土壤，44 (6)：898-904.

武红亮，王士超，闫志浩，等 .2018. 近 30 年我国典型水稻土肥力演变特征 [J]. 植物营养与肥料学报，24 (6)：1416-1424.

谢青，张宇亭，江秋菊，等 .2016.X 射线衍射分析长期钾素盈亏对土壤含钾类矿物的影响 [J]. 光谱学与光谱分析，36 (6)：1910-1915.

徐国华，鲍士旦，杨建平，等 .1995. 不同作物的吸钾能力及其与根系参数的关系 [J]. 南京农业大学学报，18 (1)：49-52.

徐新朋，王秀斌，李大明，等 .2016. 双季稻最佳磷肥和钾肥用量与密度组合研究 [J]. 植物营养与肥料学报，22 (3)：598-608.

徐一兰 .2014. 我国稻田氮肥利用现状及对策 [J]. 安徽农业科学，42 (26)：8970-8972.

杨凯，关连珠，朱教君，等 .2009. 外源腐殖酸对三种土壤无机磷组分的影响 [J]. 土壤学报，46 (6)：1172-1175.

袁嫚嫚，邬刚，胡润，等 .2018. 稻油轮作下秸秆还田配施化肥对作物产量及肥料利用率的影响 [J]. 生态学杂志，37 (12)：3597-3604.

袁平 .2019. 基于 1：5 万土壤数据库的太湖地区水稻土碳氮磷动态变化研究 [D]. 福州：福建农业大学 .

曾德武，刘强，彭建伟，等 .2012. 不同钾肥用量对双季稻钾肥利用率的影响 [J]. 中国稻米，18 (2)：30-32.

展晓莹，任意，张淑香，等 .2015. 中国主要土壤有效磷演变及其与磷平衡的响应关系 [J]. 中国农业科学，48 (23)：4728-4737.

展晓莹.2016.长期不同施肥模式黑土有效磷与磷盈亏响应关系差异的机理［D］.北京：中国农业科学院.

张福锁，王激清，张卫峰，等.2008.中国主要粮食作物肥料利用率现状与提高途径［J］.土壤学报，45（5）：915-924.

赵欢，苟久兰，赵伦学，等.2016.贵州旱作耕地土壤钾素状况与钾肥效应［J］.植物营养与肥料学报，22（1）：277-285.

朱永官，罗家贤.1994.我国南方一些土壤的钾素状况及其含钾矿物［J］.土壤学报，31（4）：430-438.

Cao Y S, Tian Y H, Yin B, et al. 2013. Assessment of ammonia volatilization from paddy fields under crop management practices aimed to increase grain yield and N efficiency［J］. Field Crops Research, 147：23-31.

Fan M S, Shen J B, Yuan L X, et al. 2011. Improving crop productivity and resource use efficiency to ensure food security and environmental quality in China［J］. J Exp Botany, 63（1）：13-24.

Fink J R, Inda A V, Tiecher T, et al. 2016. Iron oxides and organic matter on soil phosphorus availability［J］. Ciência e Agrotecnologia, 40（4）：369-379.

Guan X H, Shang C, Chen G H. 2006. Competitive adsorption of organic matter with phosphate on aluminum hydroxide［J］. Journal of Colloid and Interface Science, 296（1）：51-58.

Guppy C N, Menzies N W, Moody P W, et al. 2005. Competitive sorption reactions between phosphorus and organic matter in soil：a review［J］. Australian Journal of Soil Research, 43（2）：189-202.

He P, Yang L P, Xu X P, et al. 2015. Temporal and spatial variation of soil available potassium in China（1990-2012）［J］. Field Crops Research, 173：49-56.

Liu Y X, Yang J Y, He W T, et al. 2017. Provincial potassium balance of farmland in China between 1980 and 2010［J］. Nutrient Cycling in Agroecosystems, 107（2）：247-264.

Peng S B, Buresh R J, Huang J L, et al. 2006. Strategies for overcoming low agronomic nitrogen use efficiency in irrigated rice systems in China［J］. Field Crops Res, 96（1）：37-47.

Shahrokh V, Khademi H, Faz Cano A, et al. 2019. Different forms of soil potassium and clay mineralogy as influenced by the lemon tree rhizospheric environment［J］. International Journal of Environmental Science and Technology, 16（8）：3979-3988.

Singh V K, Dwivedi B S, Yadvinder-Singh, et al. 2018. Effect of tillage and crop establishment, residue management and K fertilization on yield, K use efficiency and apparent K balance under rice-maize system in north-western India [J]. Field Crops Research, 224: 1-12.

Wang H, Zhu J, Fu Q L, et al. 2015. Adsorption of phosphate onto Ferrihydrite and Ferrihydrite-humic acid complexes [J]. Pedosphere, 25 (3): 405-414.

Wang Jinman, Yang Ruixuan, Bai Zhongke. 2015. Spatial variability and sampling optimization of soil organic carbon and total nitrogen for Minesoils of the Loess Plateau using geostatistics [J]. Ecological Engineering, 82: 159-164.

Wang Weini, Lu Jianwei, Ren Tao, et al. 2012. Evaluating regional mean optimal nitrogen rates in combination with indigenous nitrogen supply for rice production [J]. Field Crops Research, 137: 37-48.

Wang Y, Wu W H. 2017. Regulation of potassium transport and signaling in plants [J]. Current Opinion in Plant Biology, 39: 123-128.

Zhang G L, Xiao X M, Biradar C M, et al. 2017. Spatiotemporal patterns of paddy rice croplands in China and India from 2000 to 2015 [J]. Science of the Total Environment, 579: 82-92.

Zhang H M, Xu M G, Zhang W J, et al. 2009. Factors affecting potassium fixation in seven soils under 15-year long-term fertilization [J]. Science Bulletin, 54 (10): 1773-1780.

Zhang W W, Zhan X Y, Zhang S X, et al. 2019. Response of soil Olsen-P to P budget under different long-term fertilization treatments in a fluvo-aquic soil [J]. Journal of Integrative Agriculture, 18 (3): 667-676.

Zhao S C, He P, Qiu S J, et al. 2014. Long-term effects of potassium fertilization and straw return on soil potassium levels and crop yields in north-central China [J]. Field Crops Research, 169: 116-122.

Zhao Y C, Wang M Y, Hu S J, et al. 2018. Economics- and policy-driven organic carbon input enhancement dominates soil organic carbon accumulation in Chinese croplands [J]. Proceedings of the National Academy of Sciences of the United States of America, 115 (16): 4045-4050.

第六章

典型稻作区土壤中微量元素变化特征

　　土壤的中（钙、镁、硫）、微（铁、锰、铜、锌、硼、钼）量营养元素是植物体内酶、维生素和生长激素等的重要组成成分，缺乏或过多均会对植物生长和动物生活产生不良影响，甚至威胁到人类健康。水稻是中国第二大粮食作物，水稻土中、微量营养元素缺乏或过量均会影响水稻生长。土壤有效态的中、微量营养元素含量是母质、土壤类型、土壤酸度以及气候条件等因素综合作用的结果，在一定条件下反映了土壤供应中、微量养分的水平。中国幅员辽阔，区域间土壤属性和气候特点差异明显，探明不同区域水稻土中、微量营养元素分布特征及丰缺程度，对合理施用中微量元素肥料、实现土壤养分均衡、保证水稻优质稳产具有极其重要的意义。近年来，随着农作物产量的提高，复种指数的增加和高产品种的推广，氮、磷等大量营养元素肥料施用量的增多，引起农田养分比例失调，而中、微量营养元素的增产效果越来越明显。

　　本部分基于监测平台提供的数据，从全国尺度上研究现阶段中国典型稻区有效态中、微量营养元素含量区域特征。同时，在综合各地评价标准的基础上，确定适用于全国尺度稻田有效态中、微量元素的分级评价标准，这是对先前标准的更新和重要补充，进一步增强了代表性和时效性；依据此标准，能够揭示中国稻田土壤有效态中、微量元素的丰缺程度，为全国和区域尺度水稻土中、微量元素的合理施用和管理提供参考和决策依据。

一、土壤中量营养元素区域变化

中国东北、西南、长江中游、长江下游、华南地区水稻土交换性钙含量如表6-1所示。西南地区水稻土平均交换性钙含量最高，其次为东北、长江下游、长江中游地区，以华南地区交换性钙含量最低。参考水稻土有效态中量营养元素评价标准（表6-2），东北和长江中游地区水稻土交换性钙含量均处于中等和丰富水平，无缺乏，其中丰富水平占比分别是中等水平的5.5和7.2倍；长江下游和西南地区土壤交换性钙以丰富水平为主，其次中等，再次缺乏，其中丰富水平占比分别是中等水平的2.1和3.7倍；华南地区土壤交换性钙以中等水平为主，其次丰富，再次缺乏，其中中等水平占比分别是丰富和缺乏水平的1.4和5.4倍。可见，中国水稻土交换性钙含量整体处于中等和丰富水平，其中东北、长江下游、长江中游和西南地区以丰富水平为主，华南地区以中等水平为主，中国西南地区水稻土交换性钙含量显著高于其他地区，该地区以紫泥田为主，其发育于富含碳酸钙的紫色砂泥岩风化物，碳酸钙含量高。

中国水稻土交换性镁含量总体呈现自北向南、自西向东降低的变化趋势（表6-1）。东北地区交换性镁含量最高，平均值较其他地区高41.83%～345.88%（$P < 0.05$）。参考水稻土有效态中量营养元素评价标准（表6-2），东北地区水稻土交换性镁含量均处于丰富水平；长江下游、长江中游和西南地区水稻土交换性镁均以丰富水平为主，其次中等，再次缺乏，其中丰富水平占比分别是中等水平的3.1、1.5和5.4倍；华南地区水稻土交换性镁则以中等水平为主，其次缺乏和丰富水平，其中中等水平占比分别是丰富和缺乏水平的1.9和1.7倍。可见，中国水稻土交换性镁含量大部分地区处于中等和丰富水平，其中东北、长江下游、长江中游和西南地区均以丰富水平为主，而华南地区以缺乏和中等水平为主，以上结果表明交换性镁含量具有明显的地带性差别，这主要是受气候条件

影响所致，自北向南、自西向东，温湿度增加，淋溶增强，风化程度高，土壤中可溶性镁易流失，含镁量减少；相反，在干燥寒冷、低淋溶地区，土壤中含镁较多（曹榕彬，2018）。

表 6-1 各稻区土壤有效态中量元素含量

元素	区域	变幅 (mg/kg)	平均值 (mg/kg)	变异系数 (%)	各级占比（%）		
					缺乏	中等	丰富
交换性钙	东北	448.0～3 742.5	2 013.4±950.2b	47.2	0.0	15.4	84.6
	西南	284.4～7 734.5	2 805.6±2 259.6a	80.5	9.7	19.3	71.0
	长江中游	505.0～4 640.0	1 980.2±950.5b	48.0	0.0	12.2	87.8
	长江下游	260.0～5 280.0	1 990.2±1 396.6b	70.2	4.8	31.0	64.2
	华南	195.0～2 000.0	980.9±485.1c	49.5	9.8	52.5	37.7
交换性镁	东北	160.0～703.0	408.4±195.3a	47.8	0.0	0.0	100.0
	西南	15.7～533.2	206.2±116.9c	56.7	5.9	14.7	79.4
	长江中游	24.0～336.0	150.0±71.3cd	47.6	5.5	38.0	56.5
	长江下游	24.0～792.6	287.9±212.3b	73.7	11.9	21.4	66.7
	华南	12.0～252.0	91.6±54.5d	59.5	27.7	47.7	24.6
有效硫	东北	6.5～182.0	64.2±58.9a	91.8	30.8	7.7	61.5
	西南	7.9～190.1	67.1±48.0a	71.6	8.8	17.6	73.6
	长江中游	9.4～132.0	52.8±26.3a	49.9	9.8	8.7	81.5
	长江下游	6.5～80.2	26.9±21.2b	78.4	42.2	24.4	33.4
	华南	4.1～77.0	29.5±21.4b	72.5	41.8	13.4	44.8

注：不同的小写字母表示差异显著（$P<0.05$），下同。

中国水稻土交换性钙和交换性镁含量整体表现丰富，小部分地区表现缺乏，其中以华南地区缺乏比例最高，分别为 9.8％和 27.7％，缺乏点位种植制度均为一年两熟，作物类型主要为水稻—其他作物，施肥类型以化肥为主，且水稻土 pH 以低于 5.0 的强酸性为主，可见长期水旱轮作、单施化肥加速水稻土酸化，可能是导致部分地区交换性钙、镁缺乏的主要原因（Guo et al.，2004；Li et al.，2004）。

此外，由表 6-1 可知，东北、长江中游、西南地区水稻土有效硫含量无显著差异，且显著高于其他地区，平均值较长江下游和华

南地区分别高 $95.93\%\sim149.11\%$ 和 $78.68\%\sim127.18\%$（$P<0.05$）。参考水稻土有效态中量营养元素评价标准（表 6-2），东北地区水稻土有效硫以丰富水平占比最高，其次是缺乏，中等水平占比最低，其中丰富水平是缺乏和中等水平的 2.0 和 8.0 倍；长江下游地区土壤有效硫以缺乏为主，其次丰富水平，再次中等水平，其中缺乏水平占比分别是丰富和中等水平的 1.3 和 1.7 倍；长江中游和西南地区以丰富水平为主，分别是缺乏和中等水平的 $4.2\sim9.4$ 和 $8.3\sim8.4$ 倍；华南地区水稻土有效硫以丰富和缺乏为主，其中丰富水平占比分别是缺乏和中等水平的 1.1 和 3.3 倍。可见，中国水稻土有效硫含量东北、长江中游和西南地区均以丰富水平为主，长江下游以缺乏为主，而华南地区以缺乏和丰富水平为主。缺硫水稻土种植制度均为一年两熟，作物类型主要为水稻—其他作物，施肥类型以单施化肥为主，可见长期大量施用含硫少或不含硫的化肥，不施或少施有机肥，可能是导致缺硫的主要原因之一；同时水旱轮作条件下氧化还原交替，加剧了硫的损失（余慧敏等，2020）。

表 6-2　水稻土有效态中量营养元素评价指标

级别	质量分数（mg/kg）		
	交换性钙	交换性镁	有效硫
缺乏	<400	<50	<16
中等	400~1 000	50~120	16~25
丰富	>1 000	>120	>25
临界值	400	50	16

二、土壤微量营养元素区域变化

中国东北、西南、长江中游、长江下游、华南地区水稻土微量元素含量如表 6-3 所示。华南地区水稻土有效铁含量最高，平均值较其他地区高 $69\%\sim171\%$（$P<0.05$），其次为长江下游地区，而长江中游地区水稻土有效铁含量最低，与长江下游地区相比显著降低 38%（$P<0.05$）（表 6-3）。参考水稻土有效态微量元素评

价标准（表6-4），东北、西南和华南地区水稻土有效铁含量均处于极高水平；长江下游和长江中游地区有效铁以极高水平为主。可见，中国水稻土有效铁含量除个别点位处于低和中等水平外，基本处于高和极高水平，且以极高为主，这主要是因为铁元素在地壳中含量十分丰富，即使在酸性淋溶条件下，也不致出现铁不足（王昌全等，2010）。

表6-3 各稻区土壤有效态微量元素含量

元素	区域	变幅 (mg/kg)	平均值 (mg/kg)	变异系数 (%)	各级占比（%）				
					极低	低	中等	高	极高
有效铁	东北	25.3～375.0	161.3±115.8bc	71.8	0.0	0.0	0.0	0.0	100.0
	西南	22.5～330.0	145.2±77.1bc	53.1	0.0	0.0	0.0	0.0	100.0
	长江中游	4.9～312.0	105.9±79.0c	74.6	0.0	0.0	1.1	2.2	96.7
	长江下游	4.2～471.6	169.7±110.7b	65.3	0.0	1.5	0.0	1.5	97.0
	华南	29.9～748.0	286.9±178.4a	62.2	0.0	0.0	0.0	0.0	100.0
有效锰	东北	1.4～71.5	27.9±20.6ab	73.9	7.1	14.3	21.4	28.6	28.6
	西南	2.8～88.8	36.3±27.3ab	75.3	2.9	2.9	37.1	14.3	42.8
	长江中游	1.0～71.1	22.1±16.3b	73.8	11.0	15.4	29.7	17.6	26.3
	长江下游	6.8～115.0	44.4±27.9a	62.9	0.0	6.0	17.9	17.9	58.2
	华南	0.3～196.3	42.2±53.9a	127.7	8.8	17.6	29.4	10.3	33.9
有效铜	东北	0.76～6.47	3.68±1.66a	45.1	6.7	13.3	46.7	20.0	13.3
	西南	0.88～5.67	2.59±1.18b	45.4	6.3	28.1	53.1	12.5	0.0
	长江中游	1.00～8.93	4.09±1.68a	41.0	1.1	6.7	48.9	32.2	11.1
	长江下游	1.03～7.58	3.51±1.40a	39.9	0.0	12.5	54.7	26.6	6.2
	华南	0.99～10.00	3.92±2.26a	57.6	1.5	22.1	35.3	22.1	19.0
有效锌	东北	0.13～4.00	1.39±1.07b	77.0	37.5	37.5	12.5	12.5	0.0
	西南	0.42～3.88	1.66±1.01b	60.5	31.3	21.9	34.3	12.5	0.0
	长江中游	0.44～6.33	2.42±1.45a	60.0	12.1	19.8	40.7	19.8	7.6
	长江下游	0.44～4.08	1.60±0.82b	51.3	27.7	24.6	40.0	7.7	0.0
	华南	0.76～5.20	2.97±1.21a	40.8	5.2	5.2	41.4	41.4	6.8

（续）

元素	区域	变幅 （mg/kg）	平均值 （mg/kg）	变异系数 （%）	各级占比（%）				
					极低	低	中等	高	极高
有效硼	东北	0.04~1.81	0.67±0.50a	74.9	30.8	7.7	46.2	15.3	0.0
	西南	0.10~0.75	0.36±0.14bc	40.3	20.0	68.6	11.4	0.0	0.0
	长江中游	0.01~0.80	0.29±0.16c	56.6	43.3	48.9	7.8	0.0	0.0
	长江下游	0.06~1.20	0.43±0.26b	59.7	30.3	34.9	31.8	3.0	0.0
	华南	0.01~0.99	0.25±0.26c	104.2	66.7	11.6	21.7	0.0	0.0
有效钼	东北	0.10~0.62	0.29±0.18b	63.2	28.6	0.0	7.1	28.6	35.7
	西南	0.01~0.35	0.17±0.08c	50.2	22.6	19.4	35.5	19.4	3.1
	长江中游	0.03~0.27	0.11±0.06c	50.3	50.0	32.6	6.5	10.9	0.0
	长江下游	0.04~0.24	0.14±0.04c	29.8	20.8	39.6	32.1	7.5	0.0
	华南	0.02~1.58	0.75±0.55a	73.3	6.7	26.7	0.0	0.0	66.6

表 6-4　水稻土有效态微量元素评价指标

级别	质量分数（mg/kg）					
	有效铁	有效锰	有效铜	有效锌	有效硼	有效钼
极低	≤2.50	≤5.00	≤1.00	≤1.00	≤0.25	≤0.10
低	2.50~4.50	5.00~10.00	1.00~2.00	1.00~1.50	0.25~0.50	0.10~0.15
中等	4.50~10.00	10.00~20.00	2.00~4.00	1.50~3.00	0.50~1.00	0.15~0.20
高	10.00~20.00	20.00~30.00	4.00~6.00	3.00~5.00	1.00~2.00	0.20~0.30
极高	>20.00	>30.00	>6.00	>5.00	>2.00	>0.30
临界值	4.5	10	2	1.5	0.5	0.15

华南和长江下游地区水稻土有效锰含量最高，平均值较长江中游地区高 91.40%~101.12%（$P<0.05$），西南和东北地区土壤有效锰含量居中（表 6-3）。参考水稻土有效态微量元素评价标准（表 6-4），东北地区有效锰含量以中等、高和极高水平为主，合计占比为 78.6%，极低和低水平合计占比为 21.4%；长江下游地区高和极高水平占比为 76.1%，分别是低和中等水平的 12.7 和 4.3 倍，无极低水平；长江中游、西南和华南地区均以中等、高和

极高水平水平为主，合计占比分别为 73.6%、94.2% 和 73.6%，极低和低水平合计占比分别为 26.4%、5.8% 和 26.4%，表明中国水稻土有效锰含量以中等、高和极高为主，因此，应避免盲目施用锰肥引起的毒害问题，即水田土壤有效锰质量分数超过 300mg/kg，易造成水稻生长毒害（胡霭堂，2003）。

东北、长江下游、长江中游、华南地区间水稻土有效铜含量无显著差异，平均值较西南地区高 35.60%～57.89%（$P < 0.05$）（表 6-3）。参考水稻土有效态微量元素评价标准（表 6-4），东北、长江下游、长江中游和西南地区有效铜含量均以中等水平为主，占比为 46.7%～54.7%，其次是高和极高水平，合计占比为 12.5%～43.3%，再次为极低和低水平，合计占比为 7.8%～34.4%；华南地区水稻土有效铜含量以中等水平占比最高，分别是极低、低、高和极高水平的 23.5、1.6、1.6 和 1.9 倍，表明中国水稻土有效铜含量均以中等为主。

中国不同区域水稻土有效锌含量变化如表 6-3 所示，水稻土平均有效锌含量呈现北低南高的地带性变化特征，长江中游和华南地区水稻土平均有效锌含量相对较高，与东北、长江下游、西南地区相比，长江中游地区显著提高 45.50%～99.87%（$P < 0.05$），华南地区显著提高 78.38%～145.05%（$P < 0.05$）（表 6-3）。其可能的原因有以下两个方面：①自北向南土壤 pH 呈降低趋势，其中 pH 较高的东北（pH 6.45）、长江下游（pH 6.35）、西南地区（pH 6.61），平均有效锌含量相对较低；土壤 pH 相对较低的长江中游（pH 5.67）和华南地区（pH 5.59），平均有效锌含量相对较高。研究表明土壤 pH 每增加 1 个单位，铜和锌的溶解度会下降 100 倍（刘铮，1994；王子腾等，2019）。Pardo 等（1996）研究发现土壤锌随着土壤 pH 升高，吸附量上升，解吸量下降；反之，吸附量下降，解吸量上升。②土壤中游离的碳酸钙和碳酸镁能够吸收锌，而含硅丰富的土壤能够与锌形成 $ZnSiO_3$。本研究也表明，土壤交换性镁和有效锌、有效硅与有效锌之间均存在极显著负相关关系。西南地区土壤有效锌含量相对较低，与该地区成土母质多为碱

性紫色砂页岩，富含碳酸钙且 pH 相对较高有关。向万胜等（2001）通过调查研究湘北丘岗地区不同母质发育的水稻土发现，有效铜质量分数均在 1.0mg/kg 以上，有效锌质量分数均在 1.0mg/kg 以下，且有效铜和有效锌含量均以紫色砂页岩发育的水稻土最低。

参考水稻土有效态微量元素评价标准（表 6-4），东北、长江下游和西南地区有效锌含量以极低和低水平为主，合计占比为 52.3%～75.0%，分别是中等水平的 1.3～6.0 倍、高和极高水平的 4.3～6.8 倍；长江中游以中等水平为主，分别是极低、低、高和极高水平的 3.4、2.1、2.1 和 5.4 倍；华南地区水稻土有效锌含量以中等和高水平占比最高，均为 41.4%，其次为极低、低和极高水平，其中极低和低水平占比合计为 10.4%，表明中国水稻土有效锌含量，东北、长江下游、西南以极低和低水平的缺乏为主，长江中游以低和中等水平为主，而华南以中、高水平为主。与 20 世纪七八十年代相似，中国水稻土有效锌供应水平总体依然呈现为南高北低的特征，但缺锌水稻土在区域上有增加的趋势，缺锌问题严重，尤其是在高 pH 的石灰性水稻土上。

从表 6-3 可看出，中国水稻土平均有效硼含量呈现自北向南降低的地带性变化特征。东北地区水稻土有效硼含量最高，平均值较其他地区高 55.21%～170.98%（P<0.05），长江中游和华南地区水稻土有效硼含量最低，与长江下游地区相比，分别降低 33.23% 和 42.72%（P<0.05）。参考水稻土有效态微量元素评价标准（表 6-4），东北地区有效硼含量以中等水平占比最高，分别是极低、低和高水平的 1.5、6.0 和 3.0 倍，无极高水平，其中极低和低水平合计占比为 38.5%；长江下游、长江中游、西南和华南地区均以极低和低水平占比最高，合计为 65.2%～92.2%，其次为中等水平，其中长江中游、西南和华南地区无高和极高水平，长江下游地区无极高水平，表明中国水稻土有效硼含量整体水平较低，其中长江下游、长江中游、西南和华南均以缺乏为主。土壤中硼的有效性主要受土壤酸碱度、有机质含量等影响，当土壤 pH 在

4.7～6.7 时，硼的有效性最高，水溶性硼与 pH 成正相关；当 pH >7 时，水溶性硼的含量随 pH 的升高有降低的趋势，这是由于高 pH 条件使土壤中金属氧化物与黏土矿物对硼的吸附量增加，因此，在石灰性土壤和碱性土壤中硼的有效性较低（如西南地区）。本研究中长江中游（pH 5.67）和华南地区（pH 5.59）土壤 pH 较低可能是造成土壤有效硼含量显著降低的原因之一（王德宣等，2002）。有机质是硼的供给源，有机质不仅含有较多的硼，而且可以保证土壤中的有效硼免遭固定和淋失，故有机质多的土壤有效硼多。研究表明，土壤有效硼的 60%～80% 来自土壤有机质的分解，中国东北地区有机质含量较其他地区高，在一定程度上增加了土壤硼的有效性。此外，南方湿润多雨，常由于强烈的淋洗作用而导致硼的损失，降低了有效硼的含量。中国江西南部、湖北东北部、湖南中部等长江中游地区，分布有大面积花岗岩、片麻岩和第四纪红色黏土等含硼量或硼的可给性偏低的母质发育的土壤，广东、福建等华南地区分布有大面积花岗岩母质发育的土壤，所以有效硼含量较低；长江下游地区如浙江分布有大面积酸性火成岩和第四纪红色黏土母质发育的土壤，西南地区分布有大面积的石灰岩，所以有效硼含量也相对较低（严明书等，2018；刘铮等，1980）。各种植制度下水稻土均存在缺硼问题，作物类型主要为水稻—其他作物，施肥类型以单施化肥为主，可见长期不施或少施有机肥，可能是导致缺硼的原因之一。20 世纪 80 年代，中国酸性、中性和石灰性水稻土有效硼质量分数分别为 0.18、0.30 和 0.72mg/kg，变幅分别为 0～0.60、0.04～0.76、0.10～1.79mg/kg（刘铮等，1989）；本研究酸性水稻土（长江中游和华南地区）有效硼平均质量分数为 0.29 和 0.25mg/kg，中性水稻土（包括东北、长江下游和西南）有效硼平均质量分数为 0.67、0.43 和 0.36mg/kg，较 20 世纪 80 年代均有略微增加的趋势。

华南地区水稻土有效钼含量最高，平均值较其他地区高 156.10%～557.14%（$P<0.05$），东北地区含量居中，较长江下游、长江中游、西南地区显著提高 72.22%～154.10%（$P<0.05$）

（表 6-3）。参考水稻土有效态微量元素评价标准（表 6-4），东北地区有效钼含量以极高水平占比最高，分别为极低、中等和高水平的 1.2、5.0 和 1.2 倍，无低水平；长江下游和长江中游地区以极低和低水平为主，合计占比分别为 60.4% 和 82.6%，是中等和高水平的 1.9～12.7 和 7.6～8.1 倍；西南地区水稻土有效钼含量以中等水平占比最高，分别是极低、低、高和极高水平的 1.6、1.8、1.8 和 11.1 倍，其中极低和低水平合计占比为 42.0%；华南地区水稻土有效钼含量以极高水平占比最高，分别是极低和低水平的 9.9 和 2.5 倍，无中等和高水平，表明东北和华南地区水稻土有效钼以丰富为主，而长江下游、长江中游和西南均以缺乏为主。土壤 pH 是影响土壤中钼有效性的主要因素之一。土壤中有效态钼包括水溶性钼（含量极少）和代换态钼，在土壤矿物和土壤胶体表面所吸附的钼（Mo），以 MoO_4^{2-} 离子而存在，与黏土矿物的结合不牢固，能被代换。在土壤 pH 3～6 时，MoO_4^{2-} 吸附增多；pH 6 以上吸附迅速减弱，在 pH 8 以上几乎不再吸附，这可能是长江中游（pH 5.67）有效钼含量低的原因之一。此外，土壤中的钼可与有机物结合，形成有机态钼，当有机物分解矿化时释放出钼，同时，有机酸等物质还能促进含钼矿物分化而释放出钼（穆桂珍等，2019）。所以，有机质含量高的土壤，有效钼含量也高，这可能是东北地区土壤有效钼含量高的主要原因。

三、土壤 pH 与中微量营养元素的相互关系

从表 6-5 可以看出，土壤 pH 与中、微量营养元素之间均表现出显著或极显著的相关关系。其中，与交换性钙、镁及有效硅、硼、硫呈显著或极显著正相关关系，相关系数分别为 0.42、0.26、0.17、0.14 和 0.13；土壤 pH 与有效锌、铁、钼、铜、锰表现出显著或极显著负相关关系，相关系数分别为 -0.40、-0.25、-0.17、-0.17 和 -0.14。

水稻土交换性钙与镁、有效硅之间相互呈极显著正相关关系，有效铁、锌、钼之间相互呈极显著正相关关系；有效硼与交换性

镁、有效硫、有效锰之间分别表现出极显著正相关关系，有效铁与有效锰、有效铜与有效锌之间分别表现出极显著正相关关系。交换性钙与有效硫、交换性镁与有效锰、有效硼与有效钼之间分别表现出显著的正相关关系。交换性钙与有效铁、钼，交换性镁与有效铁、锌，有效硅与有效铁、锌之间分别表现出极显著负相关关系。交换性钙和有效锰之间呈显著的负相关关系。

表 6-5　土壤 pH 与中、微量营养元素含量的相关系数

指标	pH	交换性钙	交换性镁	有效硫	有效硅	有效铁	有效锰	有效铜	有效锌	有效硼
交换性钙	0.42**									
交换性镁	0.26**	0.42**								
有效硫	0.13*	0.16*	0.13							
有效硅	0.17**	0.35**	0.60**	0.01						
有效铁	−0.25**	−0.28**	−0.18**	−0.12	−0.48**					
有效锰	−0.14*	−0.16*	0.15*	0.01	−0.14	0.48**				
有效铜	−0.17**	0.03	0.00	0.09	−0.02	0.00	−0.10			
有效锌	−0.40**	−0.09	−0.25**	0.05	−0.21**	0.24**	0.09	0.36**		
有效硼	0.14*	0.06	0.25**	0.30**	0.06	0.01	0.18**	0.09	−0.04	
有效钼	−0.17*	−0.26**	0.00	0.12	−0.15	0.41**	0.44**	0.00	0.25**	0.18*

注：*表示不同指标相关性显著，**表示相关性极显著。

四、小结

中国水稻土有效态中、微量元素区域分布特征：交换性钙含量以西南最高，东北、长江下游、长江中游次之，华南地区最低；交换性镁含量表现为东北最高，长江下游次之，西南、长江中游、华南最低；有效硫含量表现为西南、东北、长江中游高于华南、长江下游；有效铁含量呈现为华南高于长江下游、东北、西南、长江中游；有效锰含量则呈现长江下游、华南高于长江中游，且东北、西南与其他地区均无显著差异；有效铜含量呈现长江中游、华南、东北、长江下游无显著差异，且均显著高于西南；有效锌含量呈现华

南、长江中游高于西南、长江下游、东北；有效硼含量为东北最高，其次为长江下游，再次为西南，长江中游、华南最低；有效钼含量为华南最高，其次为东北，西南、长江下游、长江中游最低。

中国水稻土有效态中、微量元素丰缺程度：通过对中国典型稻区土壤有效态中、微量元素含量调查分析表明，各区域监测点水稻土交换性钙、镁和有效铁、锰、铜含量均以丰富为主。有效硫缺乏点位主要分布在长江下游和华南地区。各区域监测点水稻土均具有缺锌、硼和钼的问题，其中东北地区以缺锌比例最高，其次是长江下游、西南地区，再次是长江中游，以华南地区缺锌比例最低；长江中游、西南地区缺硼比例最高，达 88% 以上，其次是华南和长江下游地区，东北地区缺硼比例最低；长江中游缺钼比例最高，达 80% 以上，其次为长江下游地区，再次为西南、华南和东北地区。

参考文献

曹榕彬 . 2018. 耕地土壤中微量元素含量空间分布及施肥对策 [J]. 土壤通报，49 (3)：646-652.

胡霭堂 . 2003. 植物营养学（下册）[M]. 第 2 版 . 北京：中国农业大学出版社 .

刘铮，朱其清，唐丽华 . 1980. 我国缺硼土壤的类型和分布 [J]. 土壤学报，17 (3)：228-239.

刘铮，朱其清，唐丽华 . 1989. 土壤中硼的含量和分布的规律性 [J]. 土壤学报，26 (4)：353-361.

刘铮 . 1994. 我国土壤中锌含量的分布规律 [J]. 中国农业科学，27 (1)：30-37.

穆桂珍，罗杰，蔡立梅，等 . 2019. 广东揭西县土壤微量元素与有机质和 pH 的关系分析 [J]. 中国农业资源与区划，40 (10)：208-215.

秦建成，罗云云，魏朝富，等 . 2006. 基于 ArcGIS 的彭水县烟区土壤有效态微量元素丰缺评价 [J]. 土壤学报，43 (6)：892-897.

王昌全，李冰，龚斌，等 . 2010. 西昌市土壤 Fe、Mn、Cu、Zn 有效性评价及其影响因素分析 [J]. 土壤通报，41 (2)：447-451.

王德宣，富德义 . 2002. 吉林省西部地区土壤微量元素有效性评价 [J]. 土壤，

34（2）：86-89，93.

王子腾，耿元波，梁涛 . 2019. 中国农田土壤的有效锌含量及影响因素分析 [J]. 中国土壤与肥料（6）：55-63.

向万胜，李卫红 . 2001. 湘北丘岗地区红壤和水稻土微量元素的有效性研究 [J]. 土壤通报，32（1）：44-46.

严明书，黄剑，何忠庠，等 . 2018. 地质背景对土壤微量元素的影响——以渝北地区为例 [J]. 物探与化探，42（1）：199-205，219.

余慧敏，朱青，傅聪颖，等 . 2020. 江西鄱阳湖平原区农田土壤微量元素空间分异特征及其影响因素 [J]. 植物营养与肥料学报，26（1）：172-184.

Guo Jingheng, Liu Xuejun, Zhang Yuhua, et al. 2010. Significant acidification in major Chinese croplands [J]. Science，327（5968）：1008-1010.

Li Qiquan, Li Aiwen, Yu Xuelian, et al. 2020. Soil acidification of the soil profile across Chengdu Plain of China from the 1980s to 2010s [J]. Science of the Total Environment. 698，134320.

Pardo M T, Guadalix M E. 1996. Zinc sorption-desorption by two adepts：Effect of pH and support medium [J]. European Journal of Soil Science，47（2）：257-263.

第七章

典型稻作区水稻产量变化特征

全球超过 60% 的人口以水稻为主食，预计到 2035 年大米需求量将从 2010 年的 6.76 亿 t 增加到 8.52 亿 t。中国的水稻种植面积和单位产量均位居世界各国之首，对世界的粮食安全做出了重要贡献。肥料的投入是保证作物高产稳产的重要手段之一，不合理的肥料投入不仅抑制了作物正常的生长发育，同时还可能造成土壤板结、土壤酸化、肥料利用率下降、土壤酶活性降低等一系列负面效应，最终影响作物产量的提高（张福锁等，2008）。因此，研究施肥对水稻产量的影响及其关键作用因子对于水稻高产稳产、土壤培肥等具有重要意义。尽管国内外在稻田培肥方面进行了大量的研究，但大部分主要集中在施肥对水稻产量或肥料利用率等方面的影响。比如，苑俊丽等（2014）运用整合分析方法研究了高效氮肥较常规化肥施用对中国水稻产量和氮素吸收量的影响，很少从不同种植区域、管理措施、土壤理化性质等方面探讨水稻产量对施肥响应的差异特征及影响因素。首先，土壤基础肥力水平是决定作物能否高效利用肥料的关键因子。其次，在品种和其他管理措施相对稳定的情况下，施肥处理的产量高低主要取决于施肥处理本身与环境互作效应。由于我国水稻种植区域辽阔，土壤肥力差异较大，导致水稻产量对施肥的响应特征各不相同（吴良泉等，2016）。方畅宇等（2018）研究表明，基础地力较低的土壤上优先施用化肥，辅助施用有机肥；肥力较高的土壤上轻施化肥，多施有机肥以达到水稻高产稳产的目的。因此，探明不同稻田土壤肥力水平下长期施肥对水稻产量的影响，进而为各水稻种植区域不同水稻种植制度下合理施肥提供依据显得尤为重要。本研究运用 Meta 分析方法，以不施肥处理为对照，从全国稻作区上分析近 30 年不同水稻种植区域、管理措施、土壤理化性质等条件下施肥对水稻产量的影响，为肥料的合理施用并实现水稻的高产稳产提供理论依据。

一、水稻产量时间和空间变化特征

（一）水稻产量时间变化特征

近 30 年全国尺度下单季稻、双季稻和水稻—其他轮作制度下的产量分别为 7.68、12.40 和 8.02t/hm² （图 7 - 1）。随监测时间的延长，水稻产量均呈显著增加趋势（图 7 - 2）。在Ⅲ阶段（2008—2017）水稻产量均高于对应的Ⅱ阶段（1998—2007）和Ⅰ阶段（1988—1997）。通过线性拟合方程得出，单季稻、双季稻和水稻－其他轮作制度下的产量与监测持续时间均呈极显著正相关关系（$P<0.01$）（表 7 - 1）。在近 30 年水稻产量在单季稻、双季稻和水稻—其他轮作制度下的上升速率分别为 29、107 和 51 kg/（hm² · a）。

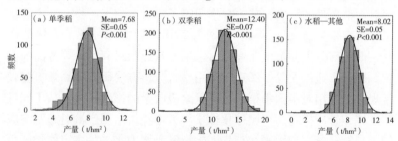

图 7 - 1 水稻产量正态分布检验

注：实线是频率数据的正态分布拟合；Mean 为平均值；SE 为标准误差。

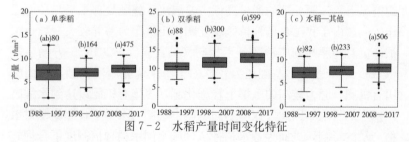

图 7 - 2 水稻产量时间变化特征

第七章 典型稻作区水稻产量变化特征

表 7-1 产量 (y) 与试验时间 (x) 的方程拟合

类型	方程	R^2	P
单季稻	$y=0.029\ 7x-52.125$	0.238	<0.01
双季稻	$y=0.107\ 4x-203.37$	0.812	<0.01
水稻—其他	$y=0.050\ 5x-93.436$	0.515	<0.01

（二）水稻产量空间变化特征

不同区域时间变化规律与整体趋势变化一致，华南地区水稻产量在各监测阶段均显著高于相应的其他地区，其次是长江中游地区（表 7-2），这与该区域大面积种植双季稻密切相关。而东北地区的产量在监测前期均较低，这与该区域的气候密切相关；而随着机械化的不断推广，该区域的水稻产量呈逐渐增加趋势，增加速率为69.7 kg/（hm² · a）。长江中游和长江下游地区水稻产量与监测持续时间均呈极显著正相关关系（$P<0.01$），相应的增加速率分别为 78.4 和 63.8 kg/（hm² · a）。

表 7-2 各区域不同时间段水稻产量及随时间变化的特征参数值

区域	I （1988—1997）	II （1998—2007）	III （2008—2017）	斜率 [kg/(hm² · a)]	R^2	P
东北	6.34±0.40 b	6.88±0.25 b	8.05±0.17 a	69.7	0.418	<0.01
西南	7.61±0.20 a	7.51±0.17 a	7.65±0.10 a	—		
长江中游	9.14±0.34 c	9.95±0.15 b	10.71±0.12 a	78.4	0.628	<0.01
长江下游	7.62±0.38 b	8.43±0.16 a	8.77±0.08 a	63.8	0.341	<0.01
华南	11.05±0.54 a	11.51±0.29 a	11.55±0.17 a	—		

注：小写字母表示同一区域不同时间段之间的差异（$P<0.05$）；大写字母表示同一时间段不同区域之间的差异（$P<0.05$）。

（三）不同施肥处理下水稻产量的差异及其响应比的分布

近 30 年以来，施肥处理较不施肥处理能显著增加水稻产量（图 7-3a），两者的平均产量分别为 9.7 和 5.2t/hm²。与不施肥相比，近 30 年以来常规施肥条件下水稻产量平均提高 80.8%（置信区间为 76.4%～83.4%）。不施肥处理由于土壤养分常年被消耗且供应不足致作物产量显著低于常规施肥处理，也间接反映施肥的重要性。研究表明，通过合理的水肥养分管理，不仅能消除由于营养过剩造成的负面环境效应，同时可实现近 30% 的增产潜力。近10 年（2008—2017）以来，无论施肥与否，水稻产量（9.9、5.4t/hm²）均显著高于 1988—1997 和 1998—2007 年对应的水稻产量（8.5、4.5t/hm² 和 9.5、5.1t/hm²）。近 10 年（2008—2017）水稻产量显著高于其他年间施肥处理，与张福锁等（2008）研究结果类似，这主要与近年来高产品种的大力推广和土壤肥力总体普遍提高密切相关。利用 Meta 软件分析了 462 组水稻产量对施肥的响应比（本研究水稻的响应比是指施肥对产量增加的幅度），且分布检验表明全部响应比符合正态分布（$P < 0.01$），平均值为 0.60 ± 0.31（图 7-3b）。

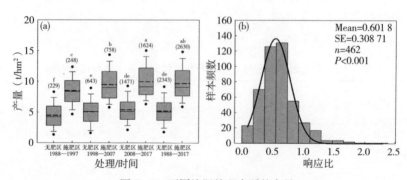

图 7-3　不同施肥处理水稻的产量

二、水稻产量对施肥响应的影响因素分析

（一）不同因素对水稻产量响应比的影响差异特征

Meta 分析结果表明，与不施肥相比，施肥能显著提高水稻产量，其提高幅度为 80.8%（置信区间为 76.4%～83.4%）（图 7-4）。不同种植区域下，施肥较不施肥处理对水稻产量的提高幅度各不相同，各区域增加幅度分别为：东北为 78.0%（置信区间为59.1%～99.1%）、西南为 98.5%（置信区间为 85.7%～

112.1%）、长江中游为 77.8%（置信区间为 70.6%～85.3%）、长江下游为 78.1%（置信区间为 69.4%～87.3%）、华南为 80.0%（置信区间为 69.6%～90.9%）。西南区域包括云南、四川、重庆和贵州，属于云贵高原区域，土壤肥力相对较低，因此施肥增产效果高于其他地区。不同试验时间下，施肥较不施肥处理对水稻产量的提高幅度具体表现为：1988—1997 年为 99.1%（置信区间为 79.4%～121.0%）、1998—2007 年 为 84.2%（置 信 区 间 为 75.4%～93.6%）和 2008—2017 年 为 78.1%（置 信 区 间 为 72.9%～83.5%）。近 30 年间，施肥对产量的增加趋势在下降，这主要与土壤质量的改善和土壤肥力普遍提高有关；其次是长期连续种植同一作物容易产生"连作障碍"，如土壤养分异常累积、微生物种群结构失衡等，最终影响作物产量的提高（Yang et al.，2014）。不同种植制度下，施肥较不施肥能显著提高一年三熟水稻

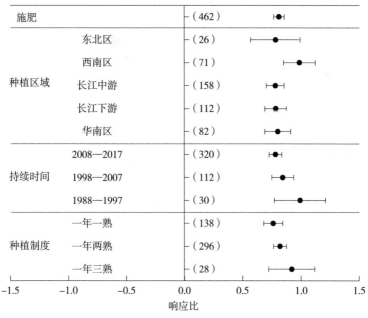

图 7-4　不同区域、时间和种植制度下施肥对水稻产量的权重响应比

产量（92.0%，置信区间为 74.2%～111.7%），且提高幅度高于一年一熟（76.2%，置信区间为 68.5%～84.2%）和一年两熟（81.9%，置信区间为 76.5%～87.4%）。一年一熟（单季稻）水稻种植区域主要分布在东北地区，受气候条件的影响，导致该地区水稻产量均较低（汤勇华等，2009），另外就是该地区土壤肥力较高，相对弱化了施肥增产的效应，施肥较不施肥处理对单季稻产量提高的幅度较低也印证了这一结果。

由图 7-5 可知，施肥对水稻产量的提高与作物类型、施肥类型和土壤质地密切相关。与不施肥相比，施肥在双季稻对水稻产量的提高幅度（85.9%，置信区间为 78.5%～93.5%）高于单季稻区（75.9%，置信区间为 67.9%～84.2%）和水稻—其他作物（79.5%，置信区间为 71.9%～87.5%）；与不施肥相比，化肥与有机肥配施对水稻产量提高的幅度（88.3%，置信区间为 81.1%～95.8%）略高于化肥单施（76.6%，置信区间为 71.6%～81.7%）。

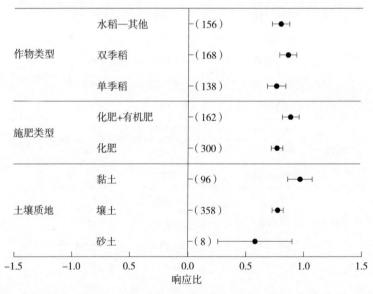

图 7-5　不同作物类型、施肥类型和土壤质地下施肥对水稻产量的权重响应比

不同土壤质地条件下，施肥较不施肥处理在黏土上对水稻产量的提高幅度（96.6%，置信区间为 86.1%～107.7%）显著高于砂土（57.9%，置信区间为 25.8%～98.5%），但是与在壤土上的增幅（77.5%，置信区间为 72.7%～82.4%）相比无显著差异。在砂质土壤上，施肥对水稻增产的效果较差，主要是因为砂土颗粒较大，养分的固定位点较少，导致施入的养分易随水分淋失，其次是砂质土壤中养分含量少，且保水保肥能力较差。

　　施肥对产量的提高程度与土壤的理化性质也密切相关（图 7-6 和图 7-7）。就土壤 pH 而言，在偏中性（pH 为 6.5～7.5）的土壤上，施肥较不施肥处理对水稻产量的提高幅度为 77.2%（置信区间为 67.7%～88.4%），在 pH>7.5 和 pH<6.5 的土壤上提高幅度较高，分别为 87.1%（置信区间为 72.3%～103.0%）和 80.7%（置信区间为 75.8%～85.8%）。随着土壤有机质含量的增加，施肥较不施肥处理对水稻产量提高的幅度呈降低趋势，具体为：有机质<20g/kg 时提高的幅度为 83.1%（置信区间为 70.8%～96.3%）、20<有机质<30g/kg 时提高的幅度为 81.6%（置信区间为 74.4%～89.1%）、有机质>30g/kg 时提高的幅度为 79.7%（置信区间为 73.7%～85.8%）。就土壤有效磷含量而言，在有效磷较低（<10mg/kg）的情况下，施肥较不施肥处理对水稻产量提高幅度（87.4%，置信区间为 79.7%～95.4%）显著高于有效磷较高（>20mg/kg）情况下的提高幅度（74.1%，置信区间为 67.1%～81.5%）。随着土壤全氮含量的增加，施肥较不施肥处理对水稻产量提高的幅度呈先降低后增加趋势，具体表现为：当全氮<1.5g/kg 时提高的幅度为 86.8%（置信区间为 78.4%～95.5%）、1.5<全氮<2g/kg 时提高的幅度为 76.2%（置信区间为 69.4%～83.3%）、全氮>2g/kg 时提高的幅度为 81.2%（置信区间为 73.4%～89.4%）。施肥对水稻产量提高的幅度随土壤速效钾含量的增加呈先升高后降低趋势。就土壤缓效钾含量而言，在缓效钾<150mg/kg 情况下，施肥较不施肥处理对水稻产量提高的幅度（87.5%，置信区间为 77.5%～98.1%）高于缓效钾≥150mg/

kg（79.0%，置信区间为71.1%～86.1%）水平下的提高幅度。

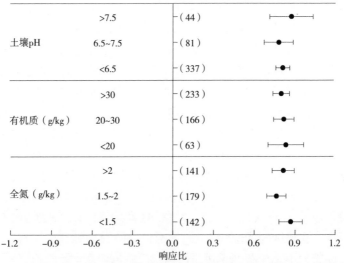

图7-6　不同土壤pH、有机质、全氮水平下施肥对水稻产量的权重响应比

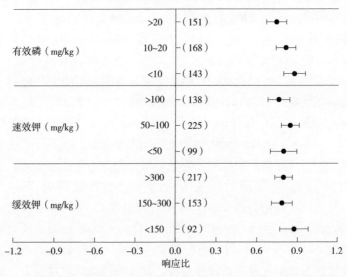

图7-7　不同土壤有效磷、速效钾、缓效钾水平下施肥对水稻产量的权重
　　　　响应比

（二）不同因素对水稻产量响应比的重要性

利用随机森林对水稻产量的影响因素进行重要性分析，结果如图 7-8 所示。Mean Decrease Accuracy 是指预测误差准确性降低的程度，该值越大表示该变量的重要性越大。各指标对水稻产量响应比均有一定的影响，通过比较各变量因素的重要性可知，其中种植区域、全氮、种植制度、土壤质地和缓效钾 5 个因素的重要程度较大，速效钾、有机质、pH、施肥类型、持续时间和土壤有效磷对水稻产量响应比变化影响较小。随着土壤全氮含量的增加，施肥较不施肥处理对水稻产量提高的幅度呈先降低后增加趋势。原因主要为：①氮素对水稻生产的影响仅次于水分管理，增施氮肥能够显著地提高水稻产量，且在土壤低氮水平下，增施氮肥的增产效果较明显；②随着土壤全氮含量的增加，土壤能够供给水稻较多的氮素，进而弱化施肥增产的效应，为氮肥减施提供依据；③本研究在高氮情况下，施肥处理水稻产量均较高，此时土壤中的氮素并不能充分满足水稻对氮素的吸收，进而能够凸显肥料的增产效应，也说明高产稻田同样需要培肥。这也进一步表明在土壤条件一致的情况下，要注重氮肥的合理施用；其次是钾素，因为钾素以无机形态存在于土壤中，易随水分迁移，因此也要注重钾肥的投入，尤其是南

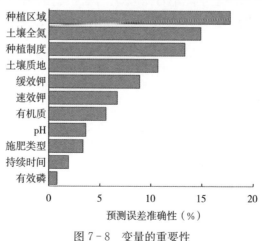

图 7-8　变量的重要性

方缺钾地区，结果显示缓效钾含量较低情况下增产效果较高也印证了这一结果。

（三）水稻产量响应比与肥料农学效率的关系

进一步分析了水稻产量响应比与肥料农学效率之间的关系（图7-9），发现两者呈极显著正相关关系（$P<0.01$），通过线性拟合可得，每增加1个单位的肥料农学效率，水稻产量的响应比相应地提高0.05个单位，这说明施肥在增产的同时也能增加肥效。就目前较为普遍的两种施肥类型而言（化肥单施、化肥与有机肥配施），在增加相同单位的肥料农学效率情况下，化肥与有机肥配施处理对水稻产量响应比的增加速率高于化肥单施处理。在增加相同单位的肥料农学效率情况下，化肥与有机肥配施处理对水稻产量的响应比提高幅度高于单施化肥处理。这说明在等养分投入条件下，合理配施养分对产量的提高至关重要，该结果不仅与前人的研究结果一致（冀建华等，2015），同时也为我们当前提倡的化肥减施情况下保持增效提供理论依据（白由路，2018）。另外，还应当结合施肥对产量响应比的影响因素，综合考虑水稻种植区域、种植制度和土壤理

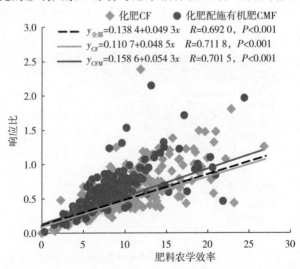

图7-9 水稻产量的权重响应比与肥料农学效率的关系

化性质后进行合理施肥，最终提高肥料的农学效率，达到增产增效的目的。

三、小结

随时间的延长，水稻产量均呈显著增加趋势，且双季稻区水稻产量增加趋势高于单季稻和水稻—其他轮作制度。西南地区水稻产量相对较低，而长江中游和华南地区的水稻产量相对较高。1988—2017 年间，施肥能够显著提高水稻的产量，相比不施肥能增产80.8%，但是增产的效应呈逐渐减弱趋势。与化肥单施相比，化肥与有机肥配施是提高和维持水稻高产的重要措施。

施肥对水稻产量的提高效应与水稻种植区域、土壤全氮、种植制度和土壤钾素含量等密切相关。建议在指导农民施肥时应结合上述指标进行合理推荐。水稻产量响应比与肥料农学效率之间呈极显著正相关关系，增加相同单位的肥料农学效率情况下，化肥与有机肥配施处理对水稻产量的响应比提高量高于单施化肥处理，为我国当前提倡化肥减施情况下如何实现水稻增产增效提供理论依据。

参考文献

白由路．2018. 高效施肥技术研究的现状与展望［J］. 中国农业科学，51（11）：2116-2125.

方畅宇，屠乃美，张清壮，等．2018. 不同施肥模式对稻田土壤速效养分含量及水稻产量的影响［J］. 土壤，50（3）：462-468.

冀建华，侯红乾，刘益仁，等．2015. 长期施肥对双季稻产量变化趋势、稳定性和可持续性的影响［J］. 土壤学报，52（3）：607-619.

汤勇华，黄耀．2009. 中国大陆主要粮食作物地力贡献率和基础产量的空间分布特征［J］. 农业环境科学学报，28（5）：1070-1078.

吴良泉，武良，崔振岭，等．2016. 中国水稻区域氮磷钾肥推荐用量及肥料配方研究［J］. 中国农业大学学报，21（9）：1-13.

苑俊丽，梁新强，李亮，等．2014. 中国水稻产量和氮素吸收量对高效氮肥响应的整合分析［J］. 中国农业科学（17）：3414-3423.

张福锁，王激清，张卫峰，等．2008. 中国主要粮食作物肥料利用率现状与提

高途径 [J]. 土壤学报，45（5）：915-924.

Yang X L，Gao W S，Zhang M，et al. 2014. Reducing agricultural carbon footprint through diversified crop rotation systems in the north China plain [J]. Journal of Cleaner Production，76：131-139.

第八章

典型稻作区水稻产量肥料
贡献率时空变化

　　肥料施用在提高作物产量和改善土壤质量方面发挥着重要作用。然而，大多数农民习惯依靠增加化肥的施用量来提高作物产量，导致资源利用效率的降低，造成环境污染等问题，这主要归因于不良的养分管理措施，尤其是忽略了肥料贡献率对作物生长的影响。因此，探明我国水稻肥料贡献率的年际变化及其影响因子，对水稻可持续生产具有重要意义。

　　在全球尺度上，联合国粮农组织数据表明，化肥对粮食产量的贡献率为40%～60%（曾希柏等，2002）。但是，在我国，受研究年限和数据集及模型方法的影响，不同研究者的结果差异较大，曾希柏等（2002）研究表明，20世纪90年代我国粮食作物的肥料贡献率在5～10kg/kg（粮食/化肥）范围。1978—2006年间，化肥对我国粮食产量的贡献率高达56.81%（王祖力和肖海峰，2008）；而房丽萍和孟军（2013）的研究表明，1978—2010年间，化肥投入对我国粮食产量增长的贡献率为20.79%。1995—2015年全国30个省份的数据显示，虽然化肥对粮食产量的变动都呈现正向影响，但两个模型估计的化肥对粮食产量变动的贡献率均低于2%（麻坤和刁钢，2018），这说明在目前中国粮食产量增加过程中化肥的作用已经很低，继续增加化肥施用量并不会大幅增加产量。我国水稻种植区范围广，由于人为管理措施、种植制度、气候和土壤类型等差异较大，进而导致不同地区水稻的肥料贡献率差别较大。目前大多数的研究由于研究对象（以粮食作物为主）、方法手段（模型模拟）（王祖力和肖海峰，2008；房丽萍和孟军，2013；麻坤和刁钢，2018）和点位单一（某个省）（鲁彩艳等，2006；王伟妮等，2010；孙彦铭等，2019）的影响，导致相关研究不能准确评估全国尺度的水稻肥料贡献率；同时，由于研究时间跨度不一，全国水稻肥料贡献率的时间演变规律仍不清晰。自20世纪80年代以来，我国化肥用量持续高速增长，但作物的产量却始终增加缓慢。因此，明确水稻的肥料贡献率对于指导不同区域的化肥减施增效行动和合理配置肥料资源具有重要意义。

一、不同稻作模式水稻肥料贡献率年际变化

1988—2017年间，水稻肥料贡献率均呈现出随着施肥年限的增加先逐渐上升再趋于平稳的趋势（图8-1）。在全国尺度上，水稻的肥料贡献率为41.20%~51.89%，在不同稻作模式间，单季稻、双季稻和水稻—其他作物轮作的水稻肥料贡献率分别为38.58%~55.49%、41.96%~51.05%和42.34%~53.43%，其中单季稻在30年的年均水稻肥料贡献率最高（49.52%），分别比双季稻和水稻—其他作物轮作提高了4.25%和2.76%。

拟合方程（表8-1）显示，全国的水稻肥料贡献率在施肥19.6年达到稳定（51.55%），单季稻、双季稻和水稻—其他作物轮作的水稻肥料贡献率则分别在21.9、16.5和28.4年时达到稳定（54.52%、47.97%和53.33%）。而在达到稳定之前，线性方程的斜率显示，全国的水稻肥料贡献率在试验19.6年之前的年均增幅为0.69%，这与前人的研究结果相似（曾希柏等，2002；麻坤和刁钢，2018）。龚斌磊（2018）等研究表明，1990—2010年期间，化肥一直是我国农业增速的主要贡献因子之一。原因首先与我国自改革开放以来大力推广化肥施用有关，但从2015年开始，面对过度的化肥用量增产，农业主管部门开始积极实施化肥"零增长"行动，而各地陆续开展的化肥减施增效行动在减少化肥资源浪费的同时有效维持了化肥对水稻产量的贡献水平。其次，随着秸秆还田、

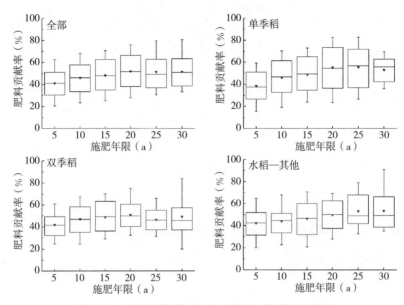

图 8-1　不同稻作模式的水稻肥料贡献率年际变化

测土配方施肥和绿肥种植的大力推广，全国稻田的土壤有机质、速效氮磷钾等肥力指标持续提升（武红亮等，2018）。李建军等（2016）研究也表明，1988—2012 年间，全国稻作区土壤基础地力总体呈上升趋势，这也导致水稻高产对肥料用量的依存度有所降低。然而基于全国耕地质量监测平台进行的长期不施肥处理，由于持续处于地力耗竭状态，可能导致本研究计算的水稻肥料贡献率存在高估的现象。因此，如何结合模型模拟等方法进一步精准评估水稻肥料贡献率仍是未来研究的重点方向之一。不同稻作模式的年均增幅则存在较大差异，其中单季稻的水稻肥料贡献率年均增幅（1.05%）显著高于双季稻（0.58%）和水稻—其他作物轮作（0.55%）。原因可能是单季稻主要分布在东北地区，再加上单季稻的生育期较长，其水稻品种较高的单产水平对外源肥料的需求较高，但具体原因还有待进一步分析。

表 8-1　不同稻作模式水稻肥料贡献率（y）与施肥时间（x）的相关关系

种植制度	拟合方程	R^2	P
全部	$y=0.686\ 4x+38.200,\ x<19.6$ $y=51.55,\ x\geqslant19.6$	0.966 9	0.019 8
单季稻	$y=1.053\ 2x+34.007,\ x<21.9$ $y=54.52,\ x\geqslant21.9$	0.960 4	0.023 6
双季稻	$y=0.581\ 3x+39.990,\ x<16.5$ $y=47.97,\ x\geqslant16.5$	0.887 9	0.040 9
水稻－其他	$y=0.546\ 1x+38.944,\ x<28.4$ $y=53.33,\ x\geqslant28.4$	0.962 3	0.022 5

二、不同区域水稻肥料贡献率年际变化

图 8-2 显示，不同区域的水稻肥料贡献率差异较小，近 30 年来，东北、华北、西南、长江中游、长江下游和华南的水稻肥料贡献率分别为 40.88%～51.06%、37.67%～51.89%、44.01%～64.99%、39.16%～50.76%、41.66%～45.69% 和 41.51%～53.88%，年均水稻肥料贡献率表现为：西南（55.82%）＞长江中游（46.73%）＞华北（46.27%）＞东北（45.90%）＞华南（45.83%）＞长江下游（44.25%）。

不同区域的水稻肥料贡献率均呈现出随着施肥年限的增加先逐渐增加后稳定的趋势（表 8-2）。东北、华北、西南、长江中游、长江下游和华南的水稻肥料贡献率达到稳定的施肥年限分别为 15.2、18.5、19.0、15.3、15.3 和 14.5 年，对应的水稻肥料贡献率分别为 42.06%、51.46%、57.68%、47.57%、44.14% 和 51.85%。通过线性方程的斜率发现，在达到稳定之前，东北、华北、西南的水稻肥料贡献率年均增幅分别为 1.02%、1.42% 和 1.33%，明显高于长江中游、长江下游和华南的年均增幅（分别为 0.78%、0.24% 和 0.55%）。原因主要有：西南区域较低的土壤基础地力导致水稻对肥料依赖性较高（李忠芳等，2015），而东北黑土开垦为水稻土，土壤有机质逐渐降低也是其水稻肥料贡献率较高

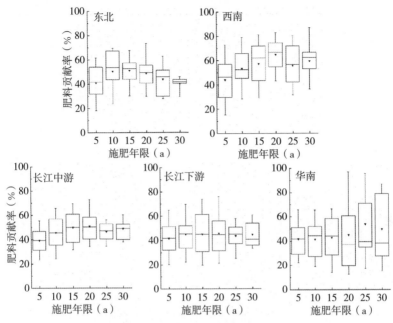

图 8-2　不同区域的水稻肥料贡献率年际变化

的主要原因（汪景宽等，2021）；同时，长江中游、华北、长江下游和华南的土壤肥力在 1988—2017 年均得到较高提升，从而导致其水稻的肥料贡献率明显低于西南和东北。不同区域的水稻肥料贡献率在达到稳定之前，东北、华北、西南的水稻肥料贡献率年均增幅（1.02%～1.42%）明显高于长江中游、长江下游和华南（0.24%～0.78%），原因可能与不同区域的化肥用量增长速率不同有关（刘钦普和濮励杰，2019）。

表 8-2　不同区域水稻肥料贡献率（y）与施肥时间（x）的相关关系

区域	拟合方程	R^2	P
东北	$y=1.017\,1x+37.316$，$x<15.2$ $y=42.06$，$x\geqslant15.2$	0.701 7	0.035 0
华北	$y=1.422\,4x+30.458$，$x<18.5$ $y=51.46$，$x\geqslant18.5$	0.999 6	$<0.000\,1$

（续）

区域	拟合方程	R^2	P
西南	$y=1.334\ 6x+38.202,\ x<19.0$ $y=57.68,\ x\geqslant19.0$	0.864 7	0.009 6
长江中游	$y=0.781\ 1x+36.540,\ x<15.3$ $y=47.57,\ x\geqslant15.3$	0.900 1	0.001 5
长江下游	$y=0.242\ 3x+41.283,\ x<15.3$ $y=44.14,\ x\geqslant15.3$	0.653 5	0.041 7
华南	$y=0.551\ 4x+36.757,\ x<14.5$ $y=51.85,\ x\geqslant14.5$	0.767 2	0.032 8

三、不同气候条件下水稻肥料贡献率年际变化

不同气候条件下水稻的肥料贡献率差异较大（图8-3），近30年来，热带季风区的水稻肥料贡献率为13.74%～57.74%，年均为34.57%，而温带和亚热带季风区的水稻肥料贡献率分别为17.97%～73.50%和20.20%～81.41%，年均分别为45.90%和49.23%。原因一方面是热带季风区较为充足的温光资源为水稻生产提供了较好的物质条件，从而降低了水稻产量对外源肥料的依存度。另一方面，与热带季风区较高的肥料投入量有关，热带季风区水稻生产过程中，高温高湿的条件和较多的降雨量可能导致化肥损失较高，进而导致化肥利用率降低（杜伟等，2010），化肥利用效率下降是我国化肥施用强度增加的主导因素（潘丹，2014）。随着施肥年限的增加，热带季风区的水稻肥料贡献率呈现出前期（前15年）缓慢增加后期（15～30年）快速增加的趋势，而温带和亚热带季风区的水稻肥料贡献率则呈现出前期（前15年）逐渐增加后期（15～30年）稳定的趋势。

进一步结合双直线拟合方程（表8-3）显示，热带季风区的水稻肥料贡献率在16.2年前的年均增幅为0.52%，而在16.2年后的年均降幅为0.82%。温带和亚热带季风区的水稻肥料贡献率分别在15.2和20.5年达到稳定，对应的水稻肥料贡献率分别为42.06%和53.21%。根据拟合方程的斜率发现，水稻肥料贡献率

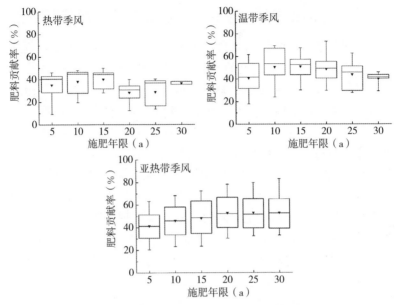

图 8-3 不同气候条件的肥料贡献率年际变化

在达到稳定之前，温带季风区的水稻肥料贡献率年均增幅（1.02%）明显高于亚热带季风区（0.75%）。这可能是我国南方亚热带稻作区的土壤酸化趋势限制了水稻肥料贡献率的增速（韩天富等，2020）。此外，水稻肥料贡献率的变化还受水稻品种和上季作物肥料残效的影响，因此，关于肥料贡献率的时空差异仍需进一步研究。

表 8-3 不同气候条件水稻肥料贡献率（y）与施肥时间（x）的相关关系

气候	拟合方程	R^2	P
热带季风	$y=0.513\ 8x+32.698$，$x<16.2$ $y=0.823\ 8x+10.705$，$x\geqslant16.2$	0.880 7	0.047
温带季风	$y=1.017\ 1x+37.316$，$x<15.2$ $y=42.06$，$x\geqslant15.2$	0.892 1	0.023
亚热带季风	$y=0.745\ 5x+37.915$，$x<20.5$ $y=53.21$，$x\geqslant20.5$	0.990 7	0.014

四、不同土壤质地条件下水稻肥料贡献率年际变化

不同土壤质地的水稻肥料贡献率差异较大（图 8-4），近 30 年间，壤土、黏土和砂土的水稻肥料贡献率分别为 40.65%～48.46%、43.25%～64.80% 和 26.20%～45.98%，其中年均水稻肥料贡献率大体呈现为黏土＞壤土＞砂土。随着施肥年限的延长，壤土的水稻肥料贡献率呈现出前期（前 20 年）增加后期（20～30 年）降低的趋势，双直线方程（表 8-4）显示，壤土的水稻肥料贡献率在施肥前 17.5 年的年均增幅为 0.64%，而当施肥年限大于 17.5 年，其年均降幅为 0.42%。黏土则表现出前期（前 20 年）增加后期（20～30 年）稳定的趋势，双直线方程表明，黏土的水稻肥料贡献率达到稳定（64.5%）的施肥年限为 20.9 年，其在施肥 20.9 年之前的年均增幅为 1.33%。砂土的水稻肥料贡献率则无明显规律。这主要与土壤的质地特性相关（吕贻忠，2006），黏土质

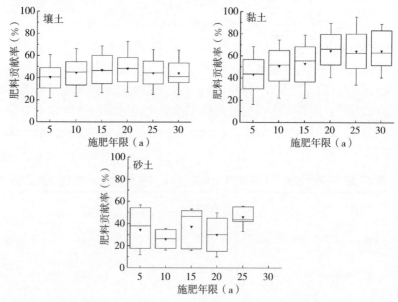

图 8-4　不同土壤质地的水稻肥料贡献率年际变化

地的土壤致密，通气性差，导致水稻对肥料的依存度增强；砂土质地土壤较低的水稻肥料贡献率则主要与本研究中质地为砂土的水稻土大部分属于河流冲积物或湖泊沉积物形成，其肥力水平普遍较高有关。进一步研究发现，水稻的肥料贡献率在达到稳定或拐点之前，壤土的水稻肥料贡献率年均增幅（0.64%）明显低于黏土（1.33%）。这可能与初始的土壤性质有关，在质地为黏土的水稻土上，较低的土壤肥力水平在外源肥料投入下，水稻产量可以快速增加。

表8-4　不同土壤质地水稻肥料贡献率（y）与施肥时间（x）的相关关系

土壤质地	拟合方程	R^2	P
壤土	$y=0.633\ 9x+37.772,\ x<17.5$ $y=-0.417\ 7x+56.145,\ x\geqslant17.5$	0.911 4	<0.01
黏土	$y=1.334\ 8x+36.325,\ x<20.9$ $y=64.50,\ x\geqslant20.9$	0.961 6	<0.01
砂土	ns	—	—

五、不同因素对水稻肥料贡献率的影响程度

肥料种类、气象因子和土壤理化指标等因素均对水稻肥料贡献率的变化产生影响（图8-5）。在所有因子中，氮肥和磷肥的相对重要性较高，其次为无霜期、年平均降雨量和年平均温度，钾肥的贡献明显低于氮肥和磷肥。这充分说明了合理施用氮磷肥的重要意义。在未来的水稻生产中，进一步优化氮磷肥的品种和施用技术仍是稳定和提高水稻产能的关键措施。在气象因子中，无霜期、年平均降雨量和年平均温度因素的重要程度明显大于日照时数。这主要与我国水稻种植范围广泛、不同区域的气候条件差异较大有关。韩天富等（2019）研究也表明，施肥对水稻产量的提高效应主要受种植区域的调控。在土壤理化指标中，有机质含量的相对重要性最高，其次为有效磷、pH，速效钾和全氮相对重要性均较低。这与前人的研究结果相似（刘振兴等，1994），因此，通过秸秆还田、绿肥种植和施用有机肥提升稻作区的土壤有机质含量至关重要。但

是，由于秸秆腐解过程复杂、传统的紫云英绿肥种子成本较高（傅廷栋等，2012）、有机肥存在运输成本高和施用量大（何浩然等，2006）等缺点，根据区域特色，建议进一步结合腐解菌配施、油菜绿肥和炭基肥等措施，不断推动稻作区土壤有机质增加，从而为稻作区的可持续生产提供技术支撑。

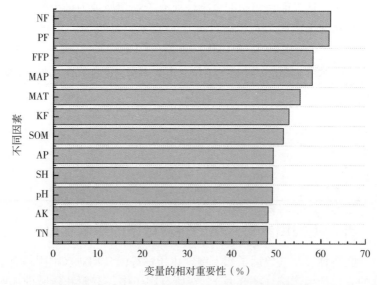

图 8-5　不同因素对水稻肥料贡献率的重要性

注：氮肥（NF）、磷肥（PF）、无霜期（FFP）、年平均降雨量（MAP）、年平均温度（MAT）、钾肥（KF）、土壤有机质（SOM）、有效磷（AP）、日照时数（SH）、pH、速效钾（AK）、全氮（TN）。

六、小结

在施肥区和不施肥区水稻品种和栽培技术相同的条件下，1988—2017 年间全国稻作区氮磷钾肥对水稻产量的贡献率为41.20%～51.89%，且随着施肥年限增加，水稻肥料贡献率呈现出前 20 年逐渐增加近 10 年稳定的趋势，单季稻的年均水稻肥料贡献率（49.52%）明显高于双季稻和水稻—其他作物轮作。不同区域的水稻肥料贡献率在施肥 15～19 年后达到稳定（42.06%～

57.68%），其中西南最高，而东北最低。在不同气候条件下，温带和亚热带的年均水稻肥料贡献率明显高于热带，不同土壤质地间则表现出黏土的水稻肥料贡献率明显高于壤土和砂土。在所有因子中，施用氮肥和磷肥是影响水稻肥料贡献率变化的主要因子。同时，土壤有机质含量对水稻肥料贡献率的影响程度明显高于其他土壤肥力指标。因此，综合考虑稻作模式、区域、气候条件和土壤质地等因素，并重点从氮磷肥优化出发，进一步结合土壤有机质水平进行水稻肥料贡献率的评估，对于指导水稻可持续丰产具有重要意义。

参考文献

杜伟，遆超普，姜小三，等.2010.长三角地区典型稻作农业小流域氮素平衡及其污染潜势［J］.生态与农村环境学报，26（1）：9-14.

房丽萍，孟军.2013.化肥施用对中国粮食产量的贡献率分析——基于主成分回归C—D生产函数模型的实证研究［J］.中国农学通报，29（17）：156-160.

傅廷栋，梁华东，周广生.2012.油菜绿肥在现代农业中的优势及发展建议［J］.中国农技推广，28（8）：37-39.

龚斌磊.2018.投入要素与生产率对中国农业增长的贡献研究［J］.农业技术经济（6）：4-18.

韩天富，柳开楼，黄晶，等.2020.近30年中国主要农田土壤pH时空演变及其驱动因素［J］.植物营养与肥料学报，26（12）：2137-2149.

何浩然，张林秀，李强.2006.农民施肥行为及农业面源污染研究［J］.农业技术经济（6）：2-10.

李建军，徐明岗，辛景树，等.2016.中国稻田土壤基础地力的时空演变特征［J］.中国农业科学，49（8）：1510-1519.

李忠芳，张水清，李慧，等.2015.长期施肥下我国水稻土基础地力变化趋势［J］.植物营养与肥料学报，21（6）：1394-1402.

刘钦普，濮励杰.2019.中国粮食主产区化肥施用时空特征及生态经济合理性分析［J］.农业工程学报，35（23）：119-127.

刘振兴，杨振华，邱孝煊，等.1994.肥料增产贡献率及其对土壤有机质的影响［J］.植物营养与肥料学报（1）：19-26.

鲁彩艳，隋跃宇，史奕，等 . 2006. 化肥施用对黑龙江省黑土区近 50 年粮食产量的贡献率 ［J］. 农业系统科学与综合研究，22（4）：273-275.

吕贻忠，李保国 . 2006. 土壤学 ［M］. 北京：中国农业出版社 .

麻坤，刁钢 . 2018. 化肥对中国粮食产量变化贡献率的研究 ［J］. 植物营养与肥料学报，24（4）：1113-1120.

潘丹 . 2014. 中国化肥施用强度变动的因素分解分析 ［J］. 华南农业大学学报（社会科学版），13（2）：24-31.

孙彦铭，黄少辉，杨云马，等 . 2019. 河北省夏玉米施肥效果与肥料利用率现状 ［J］. 江苏农业科学，47（15）：301-306

汪景宽，徐香茹，裴久渤，等 . 2021. 东北黑土地区耕地质量现状与面临的机遇和挑战 ［J］. 土壤通报，52（3）：695-701.

王伟妮，鲁剑巍，李银水，等 . 2010. 当前生产条件下不同作物施肥效果和肥料贡献率研究 ［J］. 中国农业科学，43（19）：3997-4007.

王祖力，肖海峰 . 2008. 化肥施用对粮食产量增长的作用分析 ［J］. 农业经济问题（8）：65-68.

武红亮，王士超，闫志浩，等 . 2018. 近 30 年我国典型水稻土肥力演变特征 ［J］. 植物营养与肥料学报，24（6）：1416-1424.

曾希柏，陈同斌，胡清秀，等 . 2002. 中国粮食生产潜力和化肥增产效率的区域分异 ［J］. 地理学报，57（5）：539-539.

第九章
典型稻作区水稻增产潜力时空变化

水稻总产提升依靠生产面积扩大和单产提高两大途径，由于中国受耕地面积的限制，未来水稻总产的提升主要依靠单产提高。然而，近年来中国水稻单产的增长速度逐渐趋于平缓，部分地区甚至处于停滞状态，水稻的生产潜力并没有得到完全发挥，潜在产量和实际产量差距即产量差依然较大，提高水稻生产能力仍然是一项十分艰巨的任务。关于水稻的增产潜力和产量差，前人已经进行了较为系统的研究（石全红等，2012；Liu et al.，2013；Wang et al.，2017），然而这些研究多基于绝对产量，由此得出的产量差受气候、作物管理措施、土壤性质、病虫草害等多种因素的影响，难以精确反映实际增产潜力。对于一个具体区域而言，作物产量主要受水肥条件的限制，从肥料效应的角度研究作物的增产效应和产量差，更加接近农业生产的实际情况，有利于指导农业生产。徐霞等（2019）研究表明，施肥的增产效应随基础地力水平的提高而降低。虽然水稻对氮素需求较高，在部分地区盲目增加氮肥用量，并不会使作物产量达到生产潜力，反而会造成一系列环境问题。因此，需要深入研究当前不同区域不同地力水平下施肥（尤其合理施用氮肥）的增产潜力。为弥补基于绝对产量计算产量差研究的不足，本章节以相对产量（施肥区与无肥区产量之差，表征施肥的增产效应）代替绝对产量，同时提出相对产量差（农民通过施肥达到的实际增产量与最大增产量之间的差距，表征施肥的增产潜力）的概念，并利用高产农户统计法（Lobell et al.，2009）量化，从全国尺度上分析水稻相对产量差的时空变异特征及驱动因素，进一步探究各区域不同地力水平下相对产量差对氮肥的响应，为氮肥的合理施用和水稻的高产稳产提供理论依据。

一、水稻相对产量差时空变异特征

全国水稻的最高相对产量为 $4.98 \sim 6.86 t/hm^2$，平均相对产量为 $3.06 \sim 3.47 t/hm^2$，相对产量差为 $1.92 \sim 3.41 t/hm^2$（图 9-1）。从空间变异上来看，水稻的最高相对产量和相对产量差均是西南（水稻—其他，6.86 和 $3.41 t/hm^2$）＞长江下游（水稻—其他，6.66 和 $3.19 t/hm^2$）＞华南（早稻，6.49 和 $3.06 t/hm^2$）＞东北（单季稻，6.15 和 $2.90 t/hm^2$）＞长江中游（水稻—其他，5.98 和 $2.73 t/hm^2$）＞华南（晚稻，5.81 和 $2.71 t/hm^2$）＞长江中游（早稻，5.31 和 $2.22 t/hm^2$）＞长江中游（晚稻，4.98 和 $1.92 t/hm^2$）。从时间变化上来看，2004—2019 年间，各个区域水稻最高相对产量和相对产量差总体呈上升趋势，平均相对产量呈上升或不变的趋势（图 9-1）。

王伟妮等（2011）和王娇琳等（2021）在长江中游的研究结果表明，施肥贡献的水稻相对产量在 $1.72 \sim 2.10 t/hm^2$ 之间，而本研究中长江中游的水稻相对产量则在 $2.86 \sim 3.10 t/hm^2$ 之间。梁涛等（2015）结合田间定位试验得出四川盆地水稻的相对产量约为 $2.5 t/hm^2$，低于本研究中西南区的水稻相对产量 $3.34 t/hm^2$。综上可知，与前人研究相比，本研究得到的水稻相对产量及相对产量差偏高，可能的原因有：①计算方法不同，前人得到的水稻产量差是基于绝对产量，而本研究是基于施肥引起的相对产量；②数据来源和时间跨度不同，本研究的数据来源于 2004—2019 年间农业农村部在全国主要稻区设置的 408 个监测点，与其他田间试验不同的是，监测年间肥料用量随政策和施肥策略的改变而调整；③本研究基于全国尺度，包含多种稻作模式，而以往大多数研究仅限于某一区域或某一稻作模式，不能准确评估全国尺度的水稻相对产量。

在区域上，西南（水稻—其他）水稻的最高相对产量和相对产量差最高（分别为 6.86 和 $3.41 t/hm^2$，增产潜力为 49.48%），通

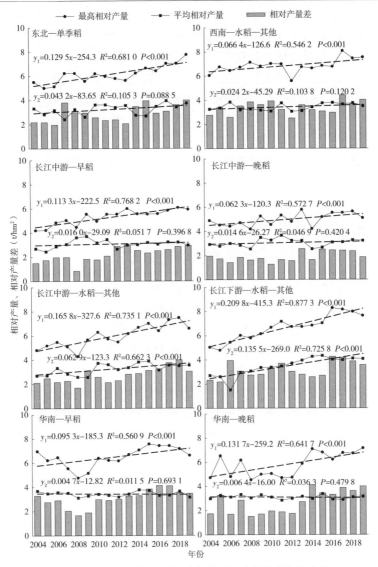

图 9-1　不同区域水稻相对产量和相对产量差年际变化

注：相对产量为施肥区与不施肥区产量之差，相对产量差为某区域最高相对产量与其平均相对产量之差。

过改善养分管理增产的潜力较大。研究表明，土壤贫瘠的西南山区施用氮肥最高可增产 90%（张智等，2015）。这主要是因为该区域土壤肥力相对较低，肥料施用为作物提供了更充足的养分，增产幅度更大。长江中游晚稻的最高相对产量和相对产量差最低（分别为4.98 和 1.92t/hm²，增产潜力为 38.32%），可能是因为晚稻生长期间土壤温度较高，从而提高了土壤的养分供给能力，使得晚稻产量对肥料的依赖程度较低，因此施肥引起的相对产量较低，增产潜力也较小。从时间变异上看，各区域水稻的相对产量差均随着时间出现了不同程度的扩大趋势，这说明多数农户水稻平均相对产量增加速度小于高产农户相对产量增长速度，原因可能是部分区域基础设施水平低、肥料利用率低等。

二、水稻相对产量差驱动因素分析

施肥和土壤性质等因素均对水稻相对产量差产生一定影响，在不同地力土壤上，各因素的影响程度不同。为了更精准、更有针对性地分析不同区域水稻相对产量差的驱动因素并提出缩减产量差的建议，本文分析了不同地力水平下施肥和土壤因子的相对重要性。地力水平根据无肥区产量来划分，前 25% 为高地力水平，后 25%为低地力水平，中间 50% 为中地力水平。

在所有区域的低、中地力土壤上，氮肥用量是影响水稻相对产量差的重要因素（图 9-2、图 9-3）。氮素对水稻生产的影响仅次于水分，增施氮肥能够显著提高水稻产量。Ren 等（2022）的研究也表明，进一步优化氮肥的施用是稳定和提高我国水稻产能的关键措施。同时，磷肥用量显著影响低、中地力水平下东北单季稻的相对产量差（图 9-2），可能与该区域水稻土磷肥回收率较低有关。李鹏等（2016）通过探究辽宁地区不同氮磷钾用量对水稻产量的影响，发现磷肥的增产作用仅次于氮肥，主要通过影响有效穗、穗粒数而促进产量的形成。而在高地力土壤上，氮肥用量并未显著影响各区域相对产量差，对水稻相对产量差影响程度较大的是土壤性质（有机质和全氮）。这说明高地力土壤上水稻生长发育主要依靠土壤

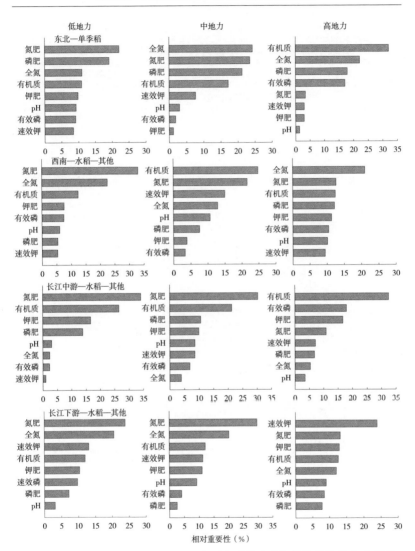

图 9-2 不同地力水平下施肥和土壤因素对单季或与其他作物轮作水稻相
对产量差的重要性

本身的氮素供给，对外源氮肥的依赖程度较低。同时，对长江中游
和华南来说，钾肥投入是影响高地力水平下早稻相对产量差的主要

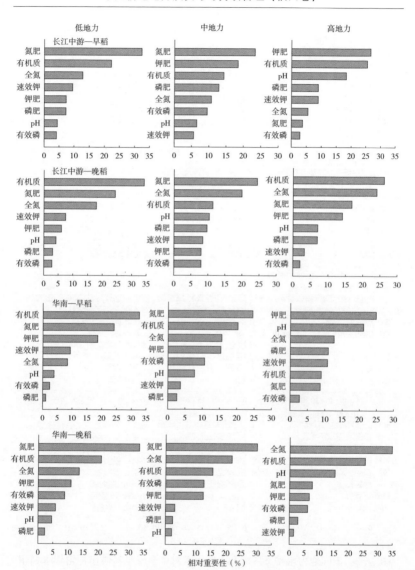

图 9-3　不同地力水平下施肥和土壤因素对双季稻相对产量差的相对重要性

因素（图 9-3）。钾肥有利于早稻抵御低温，增加产量，因此，合

理增施钾肥，配合秸秆还田，有利于提高长江中游和华南高地力土

壤上早稻的相对产量。

土壤性质中，有机质和全氮对水稻相对产量差影响程度较大（图9-2、图9-3）。作物产量潜力和水肥调控的稳定发挥依赖良好的土壤条件，土壤质量高，农作物获得高产的潜力较大。有机质含量高的土壤一般含有较丰富的植物所需要的各种营养元素，且土壤物理结构较好，可促进养分循环，改善微生物群落，最终促进作物产量提升。柳开楼等（2018）在红壤区的研究表明，有机质的提升使得土壤肥力指数上升，提高了水稻的相对产量。氮素是影响水稻生长的重要养分因子之一，施肥对水稻产量提高的幅度主要受土壤全氮影响，且随着土壤全氮含量的增加，土壤能够供给水稻更多的氮素，进而降低施肥引起的相对产量。

三、不同地力水平下水稻相对产量差对氮肥的响应

用线性和双直线模型拟合低、中、高不同地力水平下水稻的相对产量差与氮肥用量的关系（图9-4、图9-5）。低、中地力的水稻相对产量差随着氮肥用量增加而显著降低，而在高地力上，相对产量差与氮肥用量无显著相关性。除西南（水稻—其他）低、中地力和东北（单季稻）低地力外，其他区域的低、中地力上均出现了氮肥用量的转折点，当施用量大于转折点时，相对产量差趋于稳定或下降速率显著变小，说明此时较难通过提高氮肥用量进一步提高作物产量，故氮肥施用量不宜超过其转折点。

长江中游和长江下游水稻—其他作物轮作系统下，低、中地力土壤氮肥施用的转折点分别为199.5、184.5kg/hm² 和202.0、171.0kg/hm²，对应的相对产量差分别为2.02、2.28t/hm² 和1.83、2.89t/hm²。而在西南（水稻—其他）低、中地力土壤上，氮肥用量未出现相应的转折点，从线性方程的斜率来看，氮肥对低地力土壤水稻相对产量差的降低效应高于中地力土壤，说明低地力比中地力土壤施用氮肥水稻增产效应更高。对东北单季稻而言，氮肥用量转折点仅出现在中地力土壤上，为146.5kg/hm²，对应的相对产量差为2.09t/hm²（图9-4）。长江中游早稻和晚稻在低、

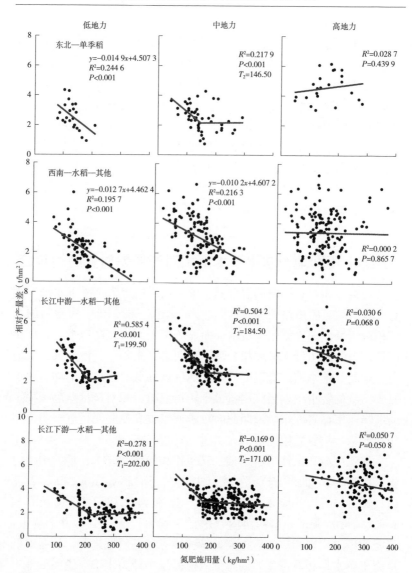

图 9-4　不同地力水平下单季或与其他作物轮作水稻相对产量差与氮肥用量的关系

注：T_1 和 T_2 分别代表低地力和中地力土壤上的氮肥施用量转折点。

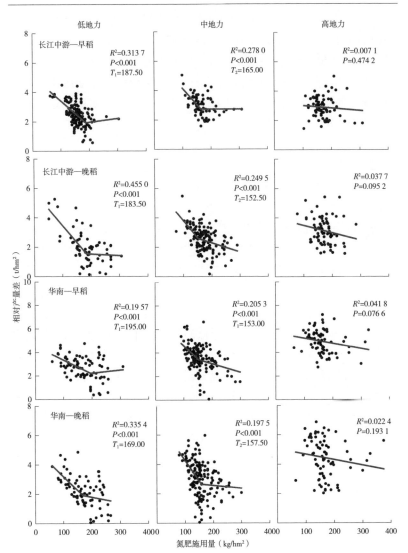

图 9-5 不同地力水平下双季稻相对产量差与氮肥用量的关系

注：T_1 和 T_2 分别代表低地力和中地力土壤上的氮肥施用量转折点。

中地力上氮肥施用量的转折点分别为 187.5、165.0kg/hm² 和 183.5、152.5kg/hm²，对应的相对产量差分别为 1.83、2.12t/hm²

和 1.75、2.33t/hm²。华南早稻和晚稻在低、中地力上氮肥施用的转折点分别为 195.0、153.0kg/hm² 和 169.0、157.0kg/hm²，对应的相对产量差分别为 2.01、3.12t/hm² 和 1.94、2.52t/hm²（图 9-5）。综合考虑提高水稻产量并避免资源浪费和环境污染，基于氮肥施用量的转折点，本文为相应区域推荐合理的氮肥用量，最终得出全国稻区低、中地力土壤的合理施氮量在 146.50～202.00kg/hm² 之间。武良（2014）总结了 2005—2010 年全国"3414"水稻田间试验数据，提出我国水稻各亚区的氮肥施用量应控制在 114～224kg/hm² 之间，本文得出的水稻推荐施氮量处于该施氮量范围内。黄晶等（2020）在综合考虑维持土壤氮平衡和提高氮肥偏生产力的情况下，得到东北、西南、长江中游（早稻）、华南（双季稻）和长江下游稻区的适宜施氮量分别为 131、167、156、244 和 151kg/hm²。与之相比，本研究推荐的施氮量接近或略高，可能是由于本文的推荐施肥量针对的是低、中地力土壤，有机质和土壤养分匮乏，合理增施氮肥可显著提高产量。西南地区低、中地力水平下，水稻的相对产量差随氮肥用量的升高而不断降低，没有出现转折点，这说明施肥在该区增产效果好，可通过合理增施氮肥实现增产。东北低地力水平下也未出现氮肥用量转折点，可能是与光温和水稻品种有关，具体还有待进一步研究。而高地力土壤上，水稻相对产量差并未随着氮肥用量增加而显著降低，应合理减施氮肥，降低环境污染风险，可通过改进其他农艺措施进一步挖掘水稻的增产潜力。

四、小结

全国水稻的相对产量差为 1.92～3.41t/hm²，以西南（水稻—其他）最高，长江中游晚稻最低。氮肥施用量、土壤有机质和全氮是影响水稻相对产量差的重要因素。地力水平越低，氮肥降低相对产量差的效应越高。长江中游、华南、长江下游低、中地力和东北中地力土壤上的氮肥用量转折点在 146.50～202.00kg/hm² 之间。西南地区低、中地力水平下，水稻的相对产量差随氮肥用量的升高而显著降低，可适当增施氮肥提高产量潜力。而高地力土壤上，氮肥用量对水稻相对产量差无显著影响，建议适当减施氮肥，长江中游和华南高地力土壤上早稻还应增施钾肥以达到增产稳产的效果。

参考文献

黄晶，刘立生，马常宝，等.2020. 近 30 年中国稻区氮素平衡及氮肥偏生产力的时空变化 [J]. 植物营养与肥料学报，26（6）：987-998.

李鹏，张敬智，魏亚，等.2016. 配方施肥及磷肥后移对单季稻磷素利用效率、产量和经济效益的影响 [J]. 中国水稻科学，30（1）：85-92.

梁涛，陈轩敬，赵亚南，等.2015. 四川盆地水稻产量对基础地力与施肥的响应 [J]. 中国农业科学，48（23）：4759-4768.

柳开楼，胡志华，马常宝，等.2018. 基于红壤稻田肥力与相对产量关系的水稻生产力评估 [J]. 植物营养与肥料学报，24（6）：1425-1434.

石全红，刘建刚，王兆华，等.2012. 南方稻区水稻产量差的变化及其气候影响因素 [J]. 作物学报，38（5）：896-903.

王姣琳，徐新朋，杨兰芳，等.2021. 长江流域中稻产量、肥料增产效应及利用率特征 [J]. 植物营养与肥料学报，27（6）：919-928.

王伟妮，鲁剑巍，鲁明星，等.2011. 湖北省早、中、晚稻施氮增产效应及氮肥利用率研究 [J]. 植物营养与肥料学报，17（3）：545-553.

武良，2014. 基于总量控制的中国农业氮肥需求及温室气体减排潜力研究 [D]. 北京：中国农业大学.

徐霞，赵亚南，黄玉芳，等.2019. 河南省玉米施肥效应对基础地力的响应 [J]. 植物营养与肥料学报，25（6）：991-1001.

张智，王伟妮，李昆，等.2015. 四川省不同区域水稻氮肥施用效果研究 [J]. 土壤学报，52（1）：234-241.

Liu L, Zhu Y, Tang L, et al. 2013. Impacts of climate changes, soil nutrients, variety types and management practices on rice yield in East China: A case study in the Taihu region [J]. Field Crops Research, 149: 40-48.

Lobell D B, Cassman K G, Field C B. 2009. Crop yield gaps: Their importance, magnitudes and causes [J]. Annual Review of Environment and Resources, 34: 179-204.

Ren K Y，Xu M G，Li R，et al. 2022. Optimizing nitrogen fertilizer use for more grain and less pollution［J］. Journal of Cleaner Production，360，132180.

Wang D，Huang J，Nie L，et al. 2017. Integrated crop management practices for maximizing grain yield of double-season rice crop［J］. Scientific Reports，7：38982.

第十章

典型稻作区土壤肥力指数变化特征

我国水稻种植区域空间分布广泛，水稻土类型较多。水稻土是在以种植水稻为主的耕作制度下，通过人为管理措施影响下形成的。各水稻种植区域的施肥、耕作措施、田间管理等人为管理存在差异，同时土壤母质、气候、地形和水文等外部因素可能会对土壤肥力的潜在价值产生一定程度的影响（Else et al. ，2018），导致水稻土肥力高低水平存在高度的时空异质性。而理解和表征土壤的时空变化是土壤学的基本任务，也是评估和合理发挥土壤功能的重要前提（张甘霖等，2020）。

土壤肥力是衡量土壤能够提供作物生长所需各种养分的能力，是影响作物产量的重要因素。长江下游土壤单一养分或肥力指标的变化仅能从一定角度反映土壤肥力的变化特征，难以全面表征土壤肥力。用合理的方法评估土壤综合肥力水平的时空变化特征，了解我国主要水稻土肥力时间、空间变化特征及其驱动因子，对实现"藏粮于地"，保障粮食安全具有重要意义。因此，本章节基于农业农村部在我国主要稻区的长期定位监测数据（1988—2017 年），采用FUZZY 法对主要稻区的水稻土肥力质量进行综合评价，同时结合地统计学等方法，以期探明我国主要稻区近 30 年来水稻土综合肥力质量时空变化特征及其驱动因素，为各稻区水稻土培肥提供科学依据。

一、近 30 年稻田土壤肥力指数时间变化特征

各稻区不同时间阶段的土壤肥力指数变化如表 10 - 1 所示。1988—1999 年间，各稻区土壤肥力指数变化范围为 0.41～0.64，

全国平均为 0.48，以西南稻区最低，东北稻区最高，变异系数分别以西南稻区最高和东北稻区最低，均表现为中等强度变异（$CV>10\%$）。2000—2009 年间，各稻区土壤肥力指数变化范围为 0.40~0.65，全国平均为 0.51，以西南稻区最低，华南稻区最高，变异系数分别以西南稻区最高和华南稻区最低，均表现为中等强度变异（$CV>10\%$）。2010—2017 年间，各稻区土壤肥力指数变化范围为 0.52~0.73，全国平均为 0.61，以西南和长江下游稻区最低，东北稻区最高，变异系数分别以西南稻区最高和东北稻区最低，均表现为中等强度变异（$CV>10\%$）。

表 10-1　各稻区不同时间阶段土壤肥力指数描述性统计

年代	区域	样本数	最小值	最大值	平均	标准差	变异系数（%）	K-S 检验值
1988—1999	西南	14	0.21	0.75	0.41	0.15	36.7	0.25
	华南	15	0.29	0.72	0.54	0.14	26.4	0.13
	长江中游	95	0.14	0.75	0.47	0.14	29.4	0.09
	长江下游	26	0.21	0.74	0.48	0.15	31.9	0.15
	东北	7	0.50	0.81	0.64	0.12	18.2	0.20
	全国	157	0.14	0.81	0.48	0.15	30.6	0.04
2000—2009	西南	228	0.13	0.83	0.40	0.15	37.3	0.07
	华南	35	0.32	0.82	0.65	0.14	21.4	0.18
	长江中游	395	0.19	0.89	0.57	0.17	29.2	0.08
	长江下游	32	0.23	0.79	0.50	0.16	31.3	0.10
	东北	9	0.32	0.76	0.58	0.15	26.4	0.21
	全国	699	0.13	0.89	0.51	0.18	34.8	0.06
2010—2017	西南	73	0.17	0.85	0.52	0.18	33.6	0.10
	华南	101	0.29	0.92	0.60	0.15	24.2	0.07
	长江中游	558	0.14	0.96	0.60	0.17	27.5	0.07
	长江下游	116	0.15	0.90	0.52	0.17	33.3	0.07
	东北	134	0.31	1.00	0.73	0.15	20.6	0.06
	全国	982	0.14	1.00	0.61	0.17	28.8	0.05

　　总体来看，近30年来全国稻区土壤肥力指数呈显著上升趋势（$P<0.05$），各稻区在不同时间阶段的变化趋势各不相同（图10-1），从1988—1999年间至2000—2009年间和从2000—2009年间至2010—2017年间，全国土壤肥力指数平均增加了6.9%和17.7%，近期（2000—2017年间）的增加幅度大于前期（1988—2009年间）。西南稻区从1988—1999年间至2000—2009年间，土壤肥力指数没有显著变化，从2000—2009年间至2010—2017年间，土壤肥力指数显著提高（$P<0.05$），增幅达31.2%。华南稻区从1988—1999年间至2000—2009年间，土壤肥力指数显著上升（$P<0.05$），增幅为21.2%，从2000—2009年间至2010—2017年间，土壤肥力指数略有下降，但未达到显著水平。长江中游稻区从1988—1999年间至2000—2009年间，土壤肥力指数显著上升（$P<0.05$），增幅为20.6%，从2000—2009年间至2010—2017年间，土壤肥力指数显著增加（$P<0.05$），增幅略有下降（6.2%）。长江下游稻区从1988—1999年间至2000—2009年间和从2000—2009年间至2010—2017年间，土壤肥力指数分别增加了3.8%和4.4%，近30年增加约8.2%，未达到显著上升水平。东北稻区的土壤肥力指数相对其他稻区，处于较高水平，从1988—1999年间

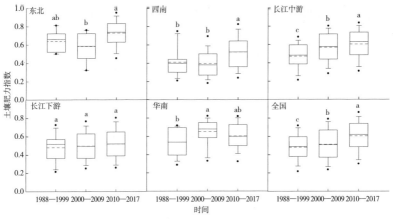

图10-1　各稻区土壤肥力指数不同时间阶段变化

至 2000—2009 年间，土壤肥力指数变化略有下降，降幅为 8.6%，从 2000—2009 年间至 2010—2017 年间，土壤肥力指数显著增加了 25.0%（$P < 0.05$）。近 30 年来全国稻区土壤肥力指数呈显著上升趋势，主要是由于全国水稻土的土壤有机质、有效磷和速效钾含量明显提高。近 30 年全国稻田耕层土壤有机质、有效磷和速效钾含量年平均分别增加 3.49g/kg、0.36mg/kg 和 0.81mg/kg（李冬初等，2020；都江雪等，2021；柳开楼等，2021）。

二、中国水稻土肥力指数空间变化特征

半方差函数在 GS$^+$ 9.0 软件进行模拟，根据决定系数 R^2 最大即最优的原则选择理论模型。经 K-S 检验，2000—2009 年间和 2010—2017 年间全国稻区样点分布符合正态分布，由全国稻区土壤肥力指数半变异函数模型及相关参数可见（表 10-2），块金系数小于 75%，数据空间相关性较强，决定系数和残差均符合克里金（Kriging）插值要求，对上述 2 个时间阶段的土壤肥力在 ArcGIS 10.2 中进行插值分析。

表 10-2　各时间段全国稻区土壤肥力指数半变异函数模型及相关参数

时间	理论模型	块金值	基台值	块金系数	变程（km）	决定系数	残差
1989—2009	球状模型	0.000 7	0.02	0.964	54	0.026	2.16×10^{-4}
2000—2009	指数模型	0.009	0.034	0.734	582	0.416	4.12×10^{-4}
2010—2017	指数模型	0.012 2	0.0329	0.628	966	0.909	4.00×10^{-5}

图 10-2 显示，现阶段（2010—2017 年间）全国稻田土壤肥力指数分布表现为北高南低，东高西低空间分布特征。超过全国平均值（0.61）的区域占 50.2%，主要分布在东北的黑龙江省和吉林省，长江中游的湖南省和江西省，西南的云南省和贵州省南部，华南区的广西壮族自治区，其他稻区分布的省域土壤肥力指数均低于全国平均值，并且在四川省北部、重庆市、湖北省北部、安徽省北部和江苏省北部区域，稻田土壤肥力指数低于 2000—2009 年间

的全国平均值（0.51），所占面积约 21.4%。

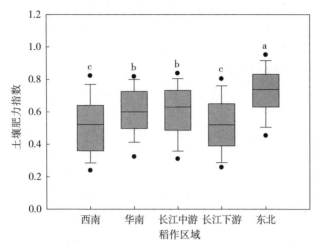

图 10-2 主要稻区水稻土肥力指数现状（2010—2017）

从 2000—2009 年间至 2010—2017 年间，全国稻区土壤肥力指数总体呈上升趋势，土壤肥力指数增加的区域占 69.3%，主要分布在东北稻区、长江中游稻区和西南稻区大部分区域。土壤肥力下降的区域占 30.7%，主要集中分布在华南稻区、长江下游稻区、浙江省和西南稻区以及四川省北部区域。

三、中国水稻土肥力变化驱动因素

为探明各稻区土壤肥力指数变化的主要驱动因素，采用加强回归树（Boosted regression tree，BRT）方法分析了地理位置（经度和纬度）、土壤 pH、有机质、全氮、有效磷和速效钾等指标影响土壤肥力指数变化的相对重要性（图 10-3）。本研究所选指标影响各稻区土壤肥力指数变化的相对重要性有区域差异。西南稻区，土壤全氮含量影响土壤肥力指数变化的相对重要性占比最大，为 20.8%，随后依次为土壤有机质（17.8%）、速效钾（17.1%）、有效磷（14.3%）、纬度（12.2%）、土壤 pH（9.2%）和经度（8.7%）。华南稻区，土壤肥力要素影响土壤肥力指数变化的相对重要性占比差异相对较小，从大到小依次为土壤全氮（18.6%）、有机质（18.4%）、有效磷（17.7%）、速效钾（16.0%）和 pH（13.9%），地理位置经度和纬度的相对重要性占比分别占 7.8%和 7.6%。长江中游稻区，土壤有效磷含量影响土壤肥力指数变化的相对重要性占比最大，为 26.8%，随后依次为土壤全氮（17.9%）、有机质（14.7%）、速效钾（13.3%）、土壤 pH（12.0%）、经度（8.1%）和纬度（7.4%）。长江下游稻区，土壤有机质和全氮含量影响土壤肥力指数变化的相对重要性较大，分别为 20.0%和 18.0%，随后依次为土壤 pH（16.9%）、有效磷（13.1%）、速效钾（11.5%）、经度（11.6%）和纬度（8.9%）。东北稻区，土壤有机质和速效钾含量影响土壤肥力指数变化的相对重要性较大，分别为 21.4%和 19.7%，随后依次为土壤全氮（17.6%）、有效磷（14.8%）、经度（9.5%）、纬度（9.2%）和土壤 pH（7.7%）。西南、华南、长江下游和东北稻区 2010—2017

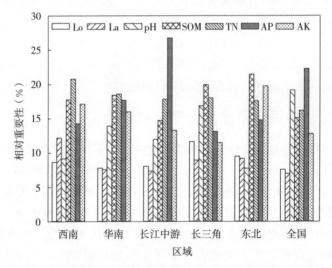

图 10-3 各稻区肥力指标影响土壤肥力指数变化的相对重要性

注：图中 Lo、La、pH、SOM、TN、AP 和 AK 分别表示经度、纬度、土壤有机质、全氮、有效磷和速效钾。

年间土壤有机质和全氮之间的相关系数分别为 0.696 9（n＝212）、0.703 6（n＝388）、0.500 9（n＝311）和 0.455（n＝182），均达到极显著正相关水平（$P<0.01$），各稻区土壤碳氮呈明显耦合关系。因此，建议以上稻区主要考虑通过增加有机物料投入来增加土壤有机质含量，从而提升土壤综合肥力质量。

四、小结

近30年来全国稻区土壤肥力指数呈前慢后快总体显著上升趋势，各稻区土壤肥力指数阶段性变化特征各异，西南稻区呈前慢后快的显著上升趋势，华南稻区呈前快后稳的上升趋势，东北稻区呈前降后升的变化趋势。现阶段（2010—2017 年间）全国稻田土壤肥力指数分布表现为北高南低，东高西低空间分布特征。超过全国平均值（0.61）的区域占 50.2%。现阶段与 2000—2009 年间相比较，全国稻区土壤肥力指数总体呈上升趋势，土壤肥力指数增加的区域占 69.3%。水稻土肥力指数空间分布的主要驱动因子存在地区差异。西南、华南、长江下游和东北稻区，均以全氮和有机质含量影响土壤肥力指数变化的相对重要性占比较大。长江中游稻区，土壤有效磷含量影响土壤肥力指数变化的相对重要性占比最大。对于西南、华南、长江下游和东北稻区，应通过增施有机肥、种植绿肥和秸秆还田等多种措施来提高土壤有机质含量，对于长江中游稻区可采取有机无机肥配施和适当增施化学磷肥等方式，以增加土壤有效磷含量和土壤磷素有效性，进而提升各稻区土壤综合肥力质量。

参考文献

都江雪，柳开楼，黄晶，等.2021.中国稻田土壤有效磷时空演变特征及其对磷平衡的响应［J］.土壤学报，58（2）：476-486.

李冬初，黄晶，马常宝，等.2020.中国稻田土壤有机质时空变化及其驱动因素［J］.中国农业科学，53（12）：2410-2422.

柳开楼，韩天富，黄晶，等 . 2021. 中国稻作区土壤速效钾和钾肥偏生产力时空变化 [J]. 土壤学报，58（1）：202-212.

徐建明，张甘霖，谢正苗，等 . 2010. 土壤质量指标与评价 [M]. 北京：科学出版社 .

张甘霖，史舟，朱阿兴，等 . 2020. 土壤时空变化研究的进展与未来 [J]. 土壤学报，57（5）：1060-1070.

Else K B，Giulia B，Zhanguo B，et al. 2018. Soil quality-A critical review [J]. Soil Biology and Biochemistry，120：105-125.

第十一章

典型稻作区水稻秸秆资源还田潜力分析

　　水稻秸秆含有较为丰富的氮磷钾养分和多种有机物质等，是一种重要的有机肥资源，还田后向土壤输入养分，可实现化肥的部分替代，达到化肥减施的目的。李继福等（2014）研究稻田不同土壤供钾能力条件下秸秆还田替代钾肥的效果，结果表明，秸秆还田配施钾肥可提高水稻产量7.7%～12.6%，在秸秆还田条件下，高钾土壤田块和中钾土壤田块可比推荐钾肥用量分别减少49.1%和20.0%。吴玉红等（2020）研究稻油轮作中两季作物秸秆还田与化肥配施对作物产量及经济效益等的影响，结果显示，与秸秆不还田下常规施化肥处理比较，秸秆还田下氮、磷、钾肥减量15%可维持作物稳产，秸秆还田2年后对油菜产量的提升作用逐渐增强。据研究，秸秆还田还能为土壤中的微生物提供碳源（袁嫚嫚等，2017），提升土壤肥力（劳秀荣等，2003）和农田养分利用率（闫翠萍等，2011），改善土壤质量（余坤等，2020；孙星等，2007），实现作物增产（赵鹏等，2010；杨帆等，2012），随着还田时间的延长，增产效应更加明显（Han et al.，2018）。

　　秸秆"用则利，弃则害"，有关秸秆资源的数量和开发利用问题已成为学术界的研究热点，此类研究主要集中在以下几个方面：秸秆及养分资源量、秸秆利用现状、秸秆还田的养分归还等，但研究范围仅为某个区域或某个年份（闫丽珍等，2006；牛新胜等，2011；崔明等，2008；高利伟等，2009），在国家尺度上研究不同年份水稻秸秆资源量和还田替代化肥潜力的报道较少，并且多数论文中的数据来自官方统计年鉴数据和文献资料，目前估算秸秆资源量普遍使用草谷比（高祥照等，2002；谢光辉等，2010），草谷比的选取是影响秸秆资源量和养分资源量估算结果的关键因素，此种方法所得到的秸秆产量和养分资源量会因为不同研究者对草谷比的选取不同而造成结果的差异（韦茂贵等，2012；宋大利等，2018）。因此本章节以农业农村部近 30 年来（1988—2018 年）在全国主要稻作区长期定点监测的水稻秸秆产量数据为基础，准确计算中国的水稻秸秆资源量和养分资源量，并系统地探讨和分析中国的水稻秸秆资源量、秸秆还田养分替代化肥潜力的时空变化特征，为不同地区水稻秸秆资源合理高效利用和水稻秸秆还田条件下化肥合理施用提供数据支持和理论参考。

一、水稻秸秆资源时空分布

中国拥有丰富的水稻秸秆资源，随着化肥用量的增加和管理措施的完善，水稻秸秆产量逐年上升，本研究中 1988—2018 年期间，全国的水稻秸秆年均资源量为 1.59×10^8 t，其中长江下游、长江中游、华南、西南、东北的水稻秸秆资源量分别为 4.15×10^7、3.86×10^7、2.20×10^7、3.27×10^7、2.41×10^7 t，秸秆资源主要分布在长江下游、长江中游、西南，这些地区的水稻秸秆资源量占全国水稻秸秆资源总量的 71.0%（图 11-1）。长江下游的水稻秸秆资源量最高，占全国水稻秸秆资源量的 26.1%，其次为长江中游，占全国水稻秸秆资源量的 24.3%，华南最低，占全国水稻秸秆资源量的 13.8%。中国各区域因水稻种植制度、气候条件、水稻品种和管理措施等因素的差别，水稻秸秆资源存在明显的地域性差异，主要分布在长江下游、长江中游和西南，与中国水稻主产区划分基本一致。

图 11-2 为各区域水稻秸秆资源时间分布图，1988—1998、1999—2008、2009—2018 年全国水稻秸秆年均资源量分别为 1.46×10^8、1.48×10^8、1.69×10^8 t，近 30 年来水稻秸秆资源量持续增长，增长了 15.75%。其中，东北的增幅最高，从

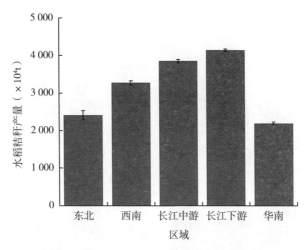

图 11-1　1988—2018 不同区域水稻秸秆产量

1988—1998 年的 1.48×10^7 t，增长到 2009—2018 年的 3.40×10^7 t，增长了 130.59%，其次为长江中游和长江下游，分别增长了 33.26% 和 6.28%，而华南和西南呈下降趋势。造成这一结果的原因可能是水稻播种面积的变化。据《中国农业统计年鉴》的记载，东北的水稻年均播种面积从 1988—1998 年的 1.99×10^6 hm²，增长到 2009—2018 年的 4.39×10^6 hm²，30 年间增长 120.38%，而西南的水稻年均播种面积从 1988—1998 年的 5.25×10^6 hm²，降低到 2009—2018 年的 4.09×10^6 hm²，30 年间降低了 22.06%。同时，从图 11-2 可以看出，第二阶段（1999—2008 年至 2009—2018 年）东北的水稻秸秆资源增幅高于第一阶段（1988—1998 年至 1999—2008 年），结合水稻年均播种面积分析，第一阶段水稻播种面积增幅为 22.85%，第二阶段增幅为 79.39%，因此，水稻播种面积的变化对秸秆资源的增减具有一定的影响（刘彦随等，2009）。

　　将 30 年水稻秸秆年均产量的年变化速率分为两个阶段进行计算（表 11-1），第一阶段为 1988—1998 年至 1999—2008 年，第二阶段为 1999—2008 年至 2009—2018 年。全国第一阶段的水稻秸秆

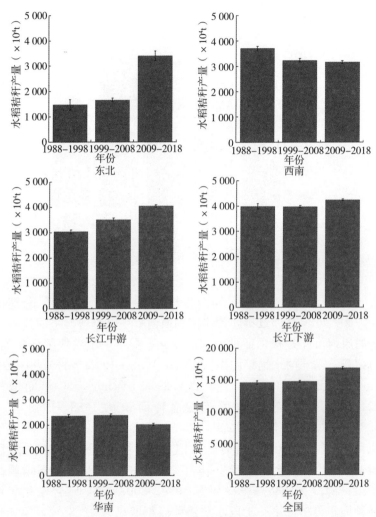

图 11-2 不同区域水稻秸秆产量时间分布

产量年变化速率为 18.11×10^4 t/a，各区域第一阶段的年变化速率从大到小依次为长江中游、东北、华南、长江下游、西南；全国第二阶段的水稻秸秆产量年变化速率为 211.47×10^4 t/a，各区域第二阶段的年变化速率从大到小依次为东北、长江中游、长江下游、西南、华南。

表 11-1　各区域不同阶段水稻秸秆产量的年变化速率

区域	第一阶段的年变化速率 （×10^4 t/a）	第二阶段的年变化速率 （×10^4 t/a）
东北	18.28	174.48
西南	−47.81	−7.38
长江中游	47.40	53.72
长江下游	−1.53	26.56
华南	1.77	−35.92
全国	18.11	211.47

二、水稻秸秆养分资源时空分布

中国水稻秸秆资源丰富，含有大量养分资源。秸秆从田间来、到田间去，通过不同方式直接或间接还田，是实现农业可持续发展的重要路径。水稻秸秆的合理开发和还田技术的完善对我国实现化肥施用零增长有着深远的意义。1988—2018 年期间，全国的水稻秸秆 NPK 总养分年均量为 425.00×10^4 t，长江下游、长江中游、华南、西南、东北的水稻秸秆 NPK 总养分量分别为 111.05×10^4、103.30×10^4、58.54×10^4、87.55×10^4、64.56×10^4 t，秸秆 NPK 养分资源主要分布在长江下游、长江中游和西南，这些地区的水稻秸秆养分资源量占全国总量的 20.6%～26.1%（图 11-3）。

表 11-2 为不同区域水稻秸秆养分资源时间分布，1988—1998、1999—2008、2009—2018 年全国水稻秸秆 NPK 总养分年均量分别为 390.59×10^4、395.44×10^4、452.09×10^4 t，随年份的延长稳定增长。从时间变化来看，2009—2018 年比 1988—1998 年增加 61.50×10^4 t，其中，较 1988—1998 年，2009—2018 年的 NPK 总养分量以东北的增幅最高（增加了 51.64×10^4 t），其次为长江中

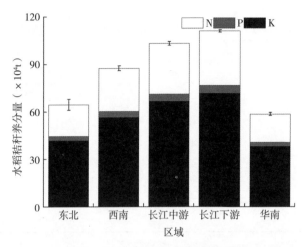

图 11-3　不同区域水稻秸秆养分量

游（增加了 27.09×10⁴t），长江下游的增幅最低（增加了 6.71×10⁴t），而华南、西南的水稻秸秆 NPK 总养分量呈下降趋势。

表 11-2　不同区域水稻秸秆养分资源时间分布

区域	时间	秸秆养分量（×10⁴ t）			
		N	P	K	合计
东北	1988—1998	12.25±1.72	1.74±0.24	25.55±3.59	39.54±5.56
	1999—2008	13.77±0.59	1.96±0.08	28.71±1.23	44.44±1.90
	2009—2018	28.25±1.54	4.01±0.22	58.92±3.20	91.18±4.96
西南	1988—1998	30.82±0.65	4.38±0.09	64.27±1.35	99.46±2.09
	1999—2008	26.85±0.62	3.81±0.09	55.99±1.29	86.66±1.99
	2009—2018	26.24±0.48	3.73±0.07	54.72±0.99	84.68±1.54
长江中游	1988—1998	25.24±0.61	3.58±0.09	52.63±1.27	81.45±1.97
	1999—2008	29.17±0.49	4.14±0.07	60.83±1.02	94.15±1.57
	2009—2018	33.63±0.45	4.78±0.06	70.13±0.94	108.54±1.46

（续）

区域	时间	秸秆养分量（×10⁴ t）			
		N	P	K	合计
长江下游	1988—1998	33.10±0.88	4.70±0.12	69.04±1.83	106.84±2.83
	1999—2008	32.98±0.37	4.68±0.05	68.77±0.77	106.43±1.19
	2009—2018	35.18±0.29	5.00±0.04	73.37±0.60	113.55±0.93
华南	1988—1998	19.61±0.47	2.79±0.07	40.90±0.99	63.30±1.53
	1999—2008	19.76±0.54	2.81±0.08	41.21±1.12	63.77±1.74
	2009—2018	16.78±0.38	2.38±0.05	34.99±0.79	54.15±1.22
全国	1988—1998	121.02±2.18	17.19±0.31	252.38±4.54	390.59±7.03
	1999—2008	122.52±1.18	17.40±0.17	255.52±2.46	395.44±3.81
	2009—2018	140.07±1.74	19.90±0.25	292.12±3.62	452.09±5.61

1988—1998 年水稻秸秆 N、P、K 养分年均量分别为 121.02×10^4、17.19×10^4、252.38×10^4 t，其总量是同期（1988—1998 年）全国化肥施用均量 $1\,648.17 \times 10^4$ t 的 23.70%；1999—2008 年水稻秸秆 N、P、K 养分年均量分别为 122.52×10^4、17.40×10^4、255.52×10^4 t，其总量是同期（1999—2008 年）全国化肥施用均量 $2\,197.69 \times 10^4$ t 的 17.99%；2009—2018 年水稻秸秆 N、P、K 养分年均量分别为 140.07×10^4、19.90×10^4、292.12×10^4 t，其总量是同期（2009—2018 年）全国化肥施用均量 $2\,712.25 \times 10^4$ t 的 16.67%。近 30 年来水稻秸秆 NPK 总养分年均量呈增长趋势，而占全国化肥施用均量的比例呈下降趋势，主要原因是全国化肥施用均量的增长。然而近 10 年（2009—2018 年）其比例相对于中间 10 年（1999—2008 年）仅下降了 1.32%，结合全国化肥施用均量数据可见，1988—1998 年至 1999—2008 年的全国化肥施用均量增长了 33.34%，1999—2008 年至 2009—2018 年的全国化肥施用均量增长了 23.41%。说明近 10 年全国化肥施用均量增长速率在下降，这和国家测土配方施肥、化肥施用零增长行动等政策密切相关。

同水稻秸秆年均产量年变化速率，30 年水稻秸秆 N、P、K 养分年均量的年变化速率也分为两个阶段进行计算（表 11 - 3）。全国第一阶段的水稻秸秆养分年变化速率分别为 N $0.15×10^4$、P $0.02×10^4$、K $0.31×10^4$ t/a，各区域第一阶段的年变化速率从大到小依次为长江中游、东北、华南、长江下游、西南；全国第二阶段的水稻秸秆养分年变化速率分别为 N $1.76×10^4$、P $0.25×10^4$、K $3.66×10^4$ t/a，各区域第二阶段的年变化速率从大到小依次为东北、长江中游、长江下游、西南、华南。

表 11 - 3　各区域不同阶段水稻秸秆 N、P、K 养分量的年变化速率

养分	区域	第一阶段的年变化速率 （$×10^4$ t/a）	第一阶段的年变化速率 （$×10^4$ t/a）
N	东北	0.15	1.45
	西南	-0.40	-0.06
	长江中游	0.39	0.45
	长江下游	-0.01	0.22
	华南	0.01	-0.30
	全国	0.15	1.76
P	东北	0.02	0.21
	西南	-0.06	-0.01
	长江中游	0.06	0.06
	长江下游	-0.002	0.03
	华南	0.002	-0.04
	全国	0.02	0.25
K	东北	0.32	3.02
	西南	-0.83	-0.13
	长江中游	0.82	0.93
	长江下游	-0.03	0.46
	华南	0.03	-0.62
	全国	0.31	3.66

近 10 年（2009—2018 年）中国的秸秆资源和养分资源量出现

大幅度的提升，第二阶段全国水稻秸秆资源年变化速率为211.47×
10^4 t/a，为第一阶段的11.7倍，第二阶段全国水稻秸秆养分资源
年变化速率为N 1.76×10^4、P 0.25×10^4、K 3.66×10^4 t/a，为第
一阶段的11.7~12.5倍，其原因可能和两方面有关系，一是近10
年水稻播种面积的上升，1988—1998、1999—2008、2009—2018
年全国的水稻播种面积分别为22.36×10^6、20.53×10^6、22.09×
10^6 hm^2，第一阶段水稻播种面积降低了8.16%，而近10年水稻
播种面积比中间10年提高了7.60%，1999—2008年间全国水稻播
种面积减少，2003年为最低年份，2004年开始，在国家粮食直补、
免除农业税等政策驱动下，全国水稻播种面积逐步上升。二是水稻
单产的持续上升，据杨万江（2013）的统计，中国水稻单产从
1961年开始总体上在小幅波动中不断提高，1961—1963年间年均
水稻单产为2 377kg/hm^2，2008—2010年间年均水稻单产为6 561
kg/hm^2，47年间水稻单产增长了176.02%。本研究中前10年水
稻播种面积虽然较大，但是水稻单产低，因此水稻秸秆资源量较
低，而近10年，水稻播种面积逐渐回升到前10年的数值，水稻单
产也出现大幅度提升，两方面的原因使得近10年中国的秸秆资源
和养分资源量出现大幅度的提升。30年来，各阶段不同区域的水
稻秸秆及其养分资源年变化速率以长江中游和东北较高，华南和西
南较低，徐志宇等（2013）研究近30年中国主要粮食作物空间格
局变化，结果表明，近30年来东北和长江中游的水稻产量总体呈
增加趋势，其中东北地区增长迅速，而华南和西南地区水稻产量总
体呈下降趋势。可见各区域水稻产量的变化趋势不同，导致区域间
水稻秸秆及其养分资源年变化速率存在差异。

三、水稻秸秆还田替代化肥潜力

农田土壤中秸秆腐解伴随氮磷钾养分的释放是维持土壤肥力的
重要途径（Berg et al.，2013），也是秸秆还田替代化肥养分的直
接有效途径（李昌明等，2017）。研究表明，水稻秸秆还田后，由
于腐解过程较慢，养分不能快速释放而满足水稻生长需求（夏东

等，2019；代文才等，2017），因此本研究在计算水稻秸秆还田的化肥可替代量时，使用了水稻秸秆的养分当季释放率，采用刘晓永等（2017）基于大量文献资料计算得到的中国水稻秸秆养分当季释放率，此种计算方法可以避免简单的全量养分替代从而导致肥料施用量不足，影响水稻生长。图 11-4 为 1988—2018 年不同区域单位耕地面积水稻秸秆还田的替代化肥潜力，全国水稻秸秆还田的氮、磷、钾肥年均可替代量分别为 N 28.90±0.14、P 5.80±0.03、K 180.46±0.52kg/hm²，钾肥替代潜力高于氮、磷肥替代潜力。各区域单位耕地面积水稻秸秆还田替代化肥潜力以长江下游最高，氮、磷、钾肥可替代量分别为 N 34.44±0.20、P 6.91±0.04、K 129.23±0.74kg/hm²，其次为东北，氮、磷、钾肥可替代量分别为 N 29.07±1.12、P 5.84±0.22、K 109.07±4.20kg/hm²，华南最低，氮、磷、钾肥可替代量分别为 N 25.80±0.23、P 5.18±0.05、K 96.83±0.87kg/hm²。

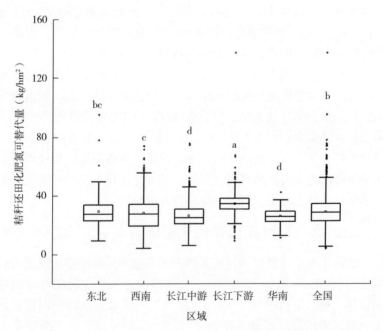

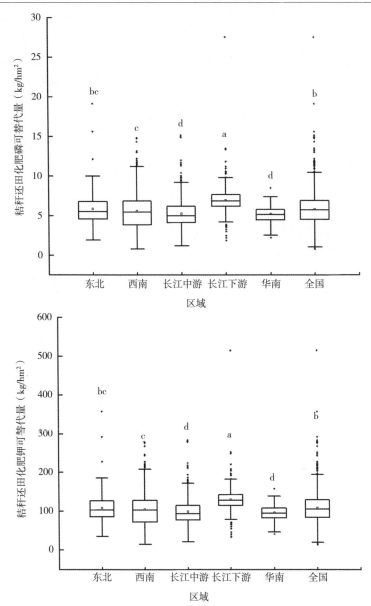

图 11-4 不同区域单位耕地面积水稻秸秆还田的化肥可替代量

表 11-4 为不同区域单位耕地面积水稻秸秆还田的化肥年均可替代量时间分布表，全国各阶段水稻秸秆还田的氮、磷、钾肥可替代量变幅分别为 24.62～30.10、4.94～6.04、92.39～112.94kg/hm²。从时间变化来看，2009—2018 年的氮、磷、钾肥可替代量比 1988—1998 年增加了 5.48、1.10、20.55kg/hm²。5 个区域的水稻秸秆还田氮、磷、钾肥可替代量均持续稳定增加，其中，长江中游的增幅最高，较 1988—1998 年，2009—2018 年的氮、磷、钾肥可替代量增加了 8.35、1.68、31.35kg/hm²，其次为东北，较 1988—1998 年，2009—2018 年的氮、磷、钾肥可替代量增加了 5.42、1.09、20.33kg/hm²，华南最低，较 1988—1998 年，2009—2018 年的氮、磷、钾肥可替代量增加了 2.60、0.52、9.75kg/hm²。

表 11-4 不同区域单位耕地面积水稻秸秆还田的化肥可替代量时间分布

区域	时间	水稻秸秆还田的化肥可替代量（kg/hm²）			化肥可替代量占化肥施用量的比例（%）		
		N	P	K	N	P	K
东北	1988—1998	27.19±2.17ab	5.46±0.44ab	102.04±8.15ab	18.15	15.08	156.79
	1999—2008	26.38±0.96b	5.30±0.19b	98.98±3.61b	21.83	15.77	248.30
	2009—2018	32.61±2.26a	6.55±0.45a	122.38±8.50a	22.72	21.25	211.28
西南	1988—1998	26.31±0.85b	5.28±0.17b	98.72±3.17b	13.68	16.91	246.56
	1999—2008	26.83±0.91b	5.39±0.18b	100.66±3.41b	18.16	14.46	225.83
	2009—2018	29.35±0.51a	5.89±0.10a	110.15±1.92a	18.60	21.55	233.46
长江中游	1988—1998	19.16±0.32b	3.85±0.07b	71.90±1.22b	7.40	5.71	95.62
	1999—2008	26.08±0.45a	5.24±0.09a	97.87±1.70a	8.91	11.60	94.55
	2009—2018	27.52±0.23a	5.52±0.05a	103.25±0.88a	11.19	14.44	92.45
长江下游	1988—1998	32.24±0.73b	6.47±0.15b	120.97±2.73b	12.98	20.22	218.74
	1999—2008	33.41±0.33b	6.71±0.07b	125.35±1.22b	13.48	21.34	196.85
	2009—2018	35.06±0.25a	7.04±0.05a	131.57±0.96a	13.83	23.67	177.94

（续）

区域	时间	水稻秸秆还田的化肥可替代量 (kg/hm²)			化肥可替代量占化肥施用量的比例（%）		
		N	P	K	N	P	K
华南	1988—1998	23.54±0.68b	4.73±0.14b	88.34±2.55b	9.18	10.60	66.82
	1999—2008	26.32±0.44a	5.28±0.09a	98.78±1.64a	8.97	11.64	77.07
	2009—2018	26.14±0.28a	5.25±0.06a	98.09±1.05a	8.49	10.11	56.88
全国	1988—1998	24.62±0.40c	4.94±0.08c	92.39±1.51c	10.88	11.83	117.35
	1999—2008	28.21±0.28b	5.66±0.06b	105.85±1.04b	11.23	14.23	122.62
	2009—2018	30.10±0.17a	6.04±0.03a	112.94±0.63a	12.53	17.13	116.22

　　秸秆还田作为一项培肥土壤的措施，直接还田既减少了焚烧秸秆导致的环境污染，又降低了化肥用量。本研究以各监测点的化肥氮（N）、磷（P）、钾（K）年均施用量为基础，计算水稻秸秆全量还田的化肥年均可替代量占化肥年均施用量的比例。30 年来全国水稻秸秆还田的氮、磷肥可替代量占化肥施用量的比例逐年增加，而钾肥呈先升后降趋势，其主要原因是化学氮、磷、钾肥施用量的不同变化趋势，1988—1998、1999—2008、2009—2018 年水稻的化学氮、磷、钾肥年均施用量分别为：N 226.35、251.28、240.12kg/hm²；P 41.78、39.81、35.28kg/hm²；K 78.73、86.33、97.18kg/hm²，相对于化学氮肥先升后降和磷肥的下降趋势，化学钾肥施用量呈持续增长趋势，此数据来源于农业农村部 1988—2018 年在全国稻作区的长期监测数据。近 10 年来随着测土配方、绿肥以及有机无机肥配施技术的大面积推广，使得化学氮、磷肥的施用量下降，而钾肥的施用量逐年上升，说明农户逐渐重视水稻种植中钾肥的施用（谷贺贺等，2020）。

　　水稻秸秆还田以钾肥可替代量占化肥施用量的比例最高，达到116.22%～122.62%，其次为磷肥，为 11.83%～17.13%，氮肥最低，为10.88%～12.53%。除华南外，各区域水稻秸秆还田的氮、磷肥可替代量占化肥施用量的比例呈增长趋势，除东北外，各区域水稻秸秆还田的钾肥可替代量占化肥施用量的比例呈下降趋势。可见，水稻秸秆中的钾含量较高，还田后可以带入大量的钾素，对缓解钾资源不足、改善土壤钾素状况、降低钾肥投入量等具有重要意义。本研究中 30 年来全国水稻秸秆还田的年均钾肥可替代量为 K $92.39\sim112.94kg/hm^2$，通过施用化肥带入的年均钾素量为 K $78.7\sim97.2kg/hm^2$，为每年施钾量的 $1.16\sim1.23$ 倍，而水稻秸秆还田的氮、磷肥可替代量只占化肥施用量的 $10.88\%\sim12.53\%$、$11.83\%\sim17.13\%$，秸秆还田与化肥配施可以减少 $10\%\sim20\%$ 的氮、磷化肥用量。因此，水稻秸秆还田可减少甚至不施用钾肥，应适当配合施用化学氮、磷肥。

四、小结

2009—2018 年全国水稻秸秆资源及其总养分资源年均量分别达到 1.69×10^8 t 和 NPK 452.09×10^4 t，比 1988—1998 年分别增加 0.23×10^8 t 和 NPK 61.50×10^4 t，其中东北增幅最高，其次为长江中游，长江下游最低，而华南和西南呈降低趋势。全国的水稻秸秆资源和氮磷钾养分资源年均量随种植年限的延长呈增长趋势，第一阶段（1988—1998 年至 1999—2008 年）全国水稻秸秆资源年变化速率为 18.11×10^4 t/a，养分资源年变化速率为 N 0.15×10^4、P 0.02×10^4、K 0.31×10^4 t/a，年变化速率从大到小依次为长江中游、东北、华南、长江下游、西南；第二阶段（1999—2008 年至 2009—2018 年）全国水稻秸秆资源年变化速率为 211.47×10^4 t/a，养分资源年变化速率为 N 1.76×10^4、P 0.25×10^4、K 3.66×10^4 t/a，年变化速率从大到小依次为东北、长江中游、长江下游、西南、华南。不同区域水稻秸秆及其养分资源年均量差异较大，长江下游最高，其次为长江中游、西南和东北，华南最低。

30 年来（1988—2018 年），全国单位耕地面积水稻秸秆还田的氮、磷、钾肥年均可替代量持续稳定增加，占化肥年均施用量的比例分别为 $10.88\%\sim12.53\%$、$11.83\%\sim17.13\%$、$116.22\%\sim122.62\%$，较 1988—1998 年，2009—2018 年的氮、磷、钾肥年均可替代量分别增加了 5.48、1.10、$20.55kg/hm^2$，其中长江中游的增幅最高，其次为东北、西南和长江下游，华南最低。全国水稻秸秆还田的氮、磷、钾肥年均可替代量分别为 N 28.90±0.14、P 5.80±0.03、K 180.46±0.52kg/hm²，各区域以长江下游最高，其次为东北、西南和长江中游，华南最低。

今后提高水稻主产区的水稻秸秆还田比例，优化秸秆还田与化肥配施技术，是实现化肥施用零增长的有力保障。针对水稻秸秆还田技术的完善，充分发挥水稻秸秆还田的养分替代作用，提出以下几点建议：①在水稻秸秆资源和养分资源相对丰富的地区，如长江下游、长江中游、西南和东北地区，应根据各地区的气候条件、土壤类型和种植制度等采取合适的秸秆还田技术，提高各地区的水稻秸秆还田率。②水稻秸秆还田后养分释放早期快，后期慢，因此在考虑水稻施肥量时应减少基肥用量，增加追肥用量，使得水稻整个生育期内的养分供应充足。水稻秸秆资源的钾素资源丰富，还田后的当季释放率高，应减少化学钾肥的施用，鼓励以秸秆还田的方式补充钾素，而水稻秸秆中的氮、磷含量低，养分释放率相对较低，在秸秆还田时应配施适量的氮、磷肥。③在水旱轮作区和双季稻区，水稻秸秆还田时可配施适量的秸秆腐熟剂，以进一步提高秸秆的腐解率和养分释放率，尤其氮、磷养分的当季释放率，充分发挥秸秆还田的作用。

参考文献

崔明，赵立欣，田宜水，等.2008. 中国主要农作物秸秆资源能源化利用分析评价 [J]. 农业工程学报，24 (12)：291-296.

代文才，高明，兰木羚，等.2017. 不同作物秸秆在旱地和水田中的腐解特性及养分释放规律 [J]. 中国生态农业学报，25 (2)：188-199.

高利伟，马林，张卫峰，等.2009. 中国作物秸秆养分资源数量估算及其利用状况 [J]. 农业工程学报，25 (7)：173-179.

高祥照，马文奇，马常宝，等.2002. 中国作物秸秆资源利用现状分析 [J]. 华中农业大学学报，21 (3)：242-247.

谷贺贺，李静，张洋洋，等.2020. 钾肥与我国主要作物品质关系的整合分析

[J]. 植物营养与肥料学报，26（10）：1749-1757.

劳秀荣，孙伟红，王真，等. 2003. 秸秆还田与化肥配合施用对土壤肥力的影响 [J]. 土壤学报，40（4）：618-623.

李昌明，王晓玥，孙波. 2017. 不同气候和土壤条件下秸秆腐解过程中养分的释放特征及其影响因素 [J]. 土壤学报，54（5）：1206-1217.

李继福，鲁剑巍，任涛，等. 2014. 稻田不同供钾能力条件下秸秆还田替代钾肥效果 [J]. 中国农业科学，47（2）：292-302.

刘晓永，李书田. 2017. 中国秸秆养分资源及还田的时空分布特征 [J]. 农业工程学报，33（21）：1-19.

刘彦随，王介勇，郭丽英. 2009. 中国粮食生产与耕地变化的时空动态 [J]. 中国农业科学，42（12）：4269-4274.

牛新胜，张宏彦，牛灵安. 2011. 华北平原典型农区秸秆资源与利用：以河北省曲周县为例 [J]. 安徽农业科学，39（3）：1710-1712.

全国农业技术推广服务中心. 1999. 中国有机肥料资源 [M]. 北京：中国农业出版社.

宋大利，侯胜鹏，王秀斌，等. 2018. 中国秸秆养分资源数量及替代化肥潜力 [J]. 植物营养与肥料学报，24（1）：1-21.

孙星，刘勤，王德建，等. 2007. 长期秸秆还田对土壤肥力质量的影响 [J]. 土壤，39（5）：782-786.

吴玉红，陈浩，郝兴顺，等. 2020. 秸秆还田与化肥配施对油菜—水稻产量构成因素及经济效益的影响 [J]. 西南农业学报，33（9）：2007-2012.

夏东，王小利，冉晓追，等. 2019. 不同有机物料在黄壤旱地中的腐解特性及养分释放特征 [J]. 山地农业生物学报，38（4）：59-64.

谢光辉，王晓玉，任兰天. 2010. 中国作物秸秆资源评估研究现状 [J]. 生物工程学报，26（7）：855-863.

徐志宇，宋振伟，邓艾兴，等. 2013. 近30年我国主要粮食作物生产的驱动因素及空间格局变化研究 [J]. 南京农业大学学报，36（1）：79-86.

闫翠萍，裴雪霞，王姣爱，等. 2011. 秸秆还田与施氮对冬小麦生长发育及水肥利用率的影响 [J]. 中国生态农业学报，19（2）：271-275.

闫丽珍，成升魁，闵庆文. 2006. 典型农区秸秆资源利用及其影响因素探析 [J]. 中国生态农业学报，14（3）：196-198.

杨帆，董燕，徐明岗，等. 2012. 南方地区秸秆还田对土壤综合肥力和作物产量的影响 [J]. 应用生态学报，23（11）：3040-3044.

杨万江. 2013. 稻米产业经济发展研究 [M]. 北京：科学出版社.

于天一，逢焕成，唐海明，等. 2013. 不同母质发育的土壤对双季稻产量及养

分吸收特性的影响 [J]. 作物学报，39（5）：896-904.

余坤，李国建，李百凤，等 . 2020. 不同秸秆还田方式对土壤质量改良效应的综合评价 [J]. 干旱地区农业研究，38（3）：213-221.

袁嫚嫚，邬刚，胡润，等 . 2017. 秸秆还田配施化肥对稻油轮作土壤有机碳组分及产量的影响 [J]. 植物营养与肥料学报，23（1）：27-35.

赵鹏，陈阜，马新明，等 . 2010. 麦玉两熟秸秆还田对作物产量和农田氮素平衡的影响 [J]. 干旱地区农业研究，28（2）：162-166.

Berg B，McClaugherty C. 2013. Plant litter：Decomposition，humus formation and carbon sequestration [M]. Heidelberg：Springer.

Han X，Xu C，Dungait J A J，et al. 2018. Straw incorporation increases crop yield and soil organic carbon sequestration but varies under different natural conditions and farming practices in China：a system analysis [J]. Biogeosciences，15（7）：1933-1946.

第十二章

水稻土地力分级与培肥改良技术规程

在我国水稻种植类型复杂，有一季稻、双季稻，有闲—稻—稻、肥—稻—稻、稻—麦、稻—油等。近年来，随着高标准粮田建设的顺利推进，以及测土配方施肥技术、秸秆还田、冬季绿肥种植等的大力发展，我国主要稻作区的耕地地力等级得到普遍提升。在未来的耕地评价中，关于农田基础设施、地形地貌等指标在评价方法中的作用已逐渐趋于一致。而土壤 pH、有机质和养分等指标将进一步凸显。同时，由于我国水稻种植区域从东北到西南、华南均有分布，导致不同稻作区的施肥种类、用量、运筹和秸秆还田方式等管理措施差异较大，单产水平不一，这些因素均可能导致土壤地力明显不同。因此，精准划分不同稻作区的土壤地力等级显得十分重要。

土壤地力是表征土壤肥沃性的一个重要指标，它可以衡量土壤能够提供作物生长所需的各种养分的能力，是土壤各种基本性质的综合表现。以往的研究主要通过 Fuzzy、全量数据集、最小数据集等方法对土壤理化指标进行加权，通过土壤综合肥力指数来量化土壤地力水平。但是，目前的地力评价方法主要考虑土壤指标：比如土壤 pH、有机质、氮磷钾、容重、团聚体、酶活性、土壤微生物量碳氮等。纵使指标考虑再多，也不能完全反映土壤的生产力。因为，水稻的高产与低产除了受土壤性质影响之外，水稻品种、水肥管理、病虫害防治措施等均显著影响水稻产量。因此，传统的地力评价方法中往往会出现以下问题：比如土壤地力较高时由于管理不当导致的水稻产量降低，以及土壤地力较低时由于提高管理水平获得了较高的产量。这两种情况下进行土壤地力评价时就要综合考虑土壤综合肥力指数和水稻产量。同时，原有国家和行业标准一般采用绝对产量，而水稻品种更新较快，采用绝对产量的标准一般在 5 年之后就落后于生产实际，因此，本标准采用产量比代替绝对产量，能够保证标准的长期应用。此外，本研究进一步选取土壤还原性物质总量、土壤还原性硫和氧化锰等表征水稻土特异性的指标对土壤综合肥力指数进行修正，从而更为合理地评估水稻土地力等级。

　　水稻土地力分级和培肥改良技术规程是从农业生产角度出发，在传统的土壤理化指标之外，将水稻产量比作为表征土壤未知属性和人为因素综合指标的因子，首先构建不同稻作区土壤综合肥力指数范围和幅度，然后结合产量比评估不同稻作区地力等级，最后根据土壤综合肥力指数与产量比的吻合度推荐该区域的土壤培肥改良技术，具体流程见图 12-1。目前，该技术已经作为农业行业标准（标准号为 NY/T 3955—2021）于 2021 年 11 月 9 日发布，2022 年 5 月 1 日实施。

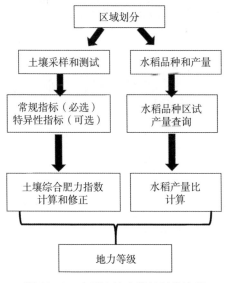

图 12-1　水稻土地力等级划分流程

第一节　水稻土地力等级划分

一、土壤采样

按 NY/T 1121.1 规定的方法执行。

二、指标测定

土壤容重按 NY/T 1121.4 规定的方法执行。

土壤 pH 按 NY/T 1121.2 规定的方法执行。

土壤有机质按 GB 9834 规定的方法执行。

土壤有效磷含量按 NY/T 1121.7 规定的方法执行。

土壤速效钾含量按 NY/T 889 规定的方法执行。

土壤还原性物质总量采用硫酸铝浸提和重铬酸钾氧化法测定。

土壤还原性硫含量采用电极法测定。

土壤氧化锰含量采用原子吸收分光光度法测定。

三、土壤综合肥力指数计算

选取土壤容重、pH、有机质、有效磷和速效钾，按照 Fuzzy 综合评判法计算土壤综合肥力指数。

借鉴 NY/T 2872 耕地质量划分规范，采用 Fuzzy 方法计算土壤综合肥力指数（徐建明等，2010），主要流程见图 12-2。

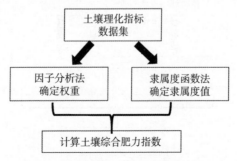

图 12-2　土壤综合肥力指数计算过程

第十二章　水稻土地力分级与培肥改良技术规程

（一）主要指标及分类

第一类：土壤容重。

第二类：土壤 pH。

第三类：土壤有机质、土壤有效磷、土壤速效钾。

（二）计算方法

1. 隶属度计算

第一类：根据降型函数计算隶属度。

$$f(x)=0.1+0.9(x_1-x)/(x_2-x) \qquad (12-1)$$

式中：x_1 和 x_2 的数值分别为 1.80 g/cm^3 和 0.76 g/cm^3。

第二类：根据梯形即物线型隶属度函数计算隶属度，计算所述隶属度的隶属度函数为：

$$f(x)=\begin{cases} 0.1 & x<x_1 \text{ 或 } x>x_4 \\ 0.1+\dfrac{0.9(x-x_1)}{x_2-x_1} & x_1\leqslant x<x_2 \\ 1.0 & x_2\leqslant x\leqslant x_3 \\ 1.0-\dfrac{0.9(x-x_3)}{x_4-x_3} & x_3<x\leqslant x_4 \end{cases} \qquad (12-2)$$

式中：x_1、x_2、x_3 和 x_4 的数值分别为 4.5、5.5、6.0 和 7.0。

第三类：根据正相关型即 S 形线隶属度函数计算隶属度，计算所述隶属度的隶属度函数为：

$$f(x)=\begin{cases} 0.1 & x<x_1 \\ 0.1+\dfrac{0.9(x-x_1)}{x_2-x_1} & x_1\leqslant x<x_2 \\ 1.0 & x\geqslant x_2 \end{cases} \qquad (12-3)$$

式中：x_1 和 x_2 的数值见表 12-1。

表 12-1　土壤有机质、有效磷和速效钾的隶属度函数拐点数值

项目	有机质（g/kg）	有效磷（mg/kg）	速效钾（mg/kg）
x_1	10	5	50
x_2	40	40	200

2. 权重系数计算 以相关系数分析法求取每一单项肥力质量指标的权重系数，基于农业农村部的长期监测试验建立了数据库，各评价指标的相关系数见表 12 - 2。

表 12 - 2 不同稻作区土壤理化指标权重

区域	容重	pH	有机质	有效磷	速效钾	合计	样本数
东北	0.22	0.13	0.17	0.12	0.36	1	146
长江中下游	0.11	0.21	0.21	0.30	0.17	1	1 424
华南	0.10	0.24	0.23	0.20	0.22	1	481
西南	0.11	0.17	0.26	0.24	0.22	1	433

3. 土壤综合肥力指数计算 按照加乘法则计算土壤综合肥力指数（IFI），计算公式为：

$$IFI = \sum_i W_i \times N_i \qquad (12 - 4)$$

式中：W_i 为第 i 种肥力质量指标的隶属度值；N_i 为第 i 种肥力质量指标的权重系数。

四、土壤综合肥力指数修正

当具有土壤还原性物质总量、还原性硫含量和氧化锰含量等水稻土特异性指标时，建议进一步修正土壤综合肥力指数（周卫等，2014），具体修正方法见表 12 - 3。当水稻土特异性指标超过 1 个时，建议采用其中含量较高的指标修正土壤综合肥力指数。

表 12 - 3 水稻土特异性指标范围对土壤综合肥力指数的影响

水稻土 特异性指标	含量范围	土壤综合肥力 指数修正系数	含量范围	土壤综合肥力 指数修正系数
土壤还原性物质总量	2.7～3.5cmol/kg	−0.05	>3.5cmol/kg	−0.1

（续）

水稻土特异性指标	含量范围	土壤综合肥力指数修正系数	含量范围	土壤综合肥力指数修正系数
土壤还原性硫含量	500～600mg/kg	−0.05	＞600mg/kg	−0.1
土壤氧化锰含量	250～300mg/kg	−0.05	＞300mg/kg	−0.1

五、水稻产量比计算

实地获取正常年份的水稻产量，根据品种名称查阅国家水稻数据中心（网址为：http：//www.ricedata.cn，当网址发生变化无法查阅时，建议直接咨询中国水稻研究所，地址：浙江省杭州市富阳区水稻研究所路 28 号，邮编：311401，电话：＋860 571 63370586，Email：ricer@vip.qq.com），获得该品种的区试最高产量，按照正常年份水稻籽粒产量与该品种在区试中最高产量的比值计算水稻产量比。

六、水稻土地力等级划分

由于各区域水稻土地力存在差异，现基于四分位法（＜25％、25％～75％、＞75％）对土壤综合肥力指数进行分级。考虑到土壤未知属性和人为因素的综合因子，进一步将水稻产量比纳入到水稻土地力等级划分中。因此，在土壤综合肥力指数分级的基础上，结合水稻产量比分级（＜75％、75％～85％、＞85％），进而确定不同稻作区水稻土地力等级（表12-4）。其中东北包括黑龙江省、吉林省和辽宁省，长江中下游包括江苏省、安徽省、浙江省、上海市、湖南省、江西省、湖北省和河南省，华南包括广东省、福建省、海南省和广西壮族自治区，西南包括四川省、云南省、贵州省和重庆市。

表 12 - 4　不同稻作区的水稻土地力等级

土壤综合肥力指数				水稻产量比（%）	评估结果	地力等级
东北	长江中下游	华南	西南			
>0.8	>0.5	>0.7	>0.5	>85	高肥高产	1
				75～85	高肥中产	2
				<75	高肥低产	3
0.5～0.8	0.3～0.5	0.5～0.7	0.3～0.5	>85	中肥高产	4
				75～85	中肥中产	5
				<75	中肥低产	6
<0.5	<0.3	<0.5	<0.3	>85	低肥高产	7
				75～85	低肥中产	8
				<75	低肥低产	9

第二节　水稻土培肥改良技术

　　考虑到各区域水稻土需要进行分类培肥与改良的实际情况，基于不同稻作区地力的等级水平，更加科学地推荐适宜的培肥改良措施，其中1～3级以土壤保育技术为主，4～6级以土壤培肥技术为主，7～9级以土壤改良技术为主。参考《耕地质量划分规范》（NY/T 2872）的区域划分，结合不同稻作区的实际情况制定了覆盖水稻土的4个农业一级区（东北、长江中下游、华南和西南）的培肥改良技术（表 12 - 5），并在4个农业一级区的基础上进一步制定了农业二级区的培肥改良技术，具体见表 12 - 6、表 12 - 7、表12 -8 和表 12 - 9。

表12-5　不同稻作区水稻土培肥改良技术（一级区）

区域／分级	东北	长江中下游	华南	西南
1	维持当前管理措施。			
2～3	秸秆过腹或粉碎配施促腐菌肥（每亩3～5kg）翻压还田。	秸秆过腹或粉碎配施促腐菌肥（每亩3～5kg）翻压还田。	秸秆过腹或粉碎配施促腐菌肥（每亩3～5kg）翻压还田。	秸秆过腹或粉碎配施促腐菌肥（每亩3～5kg）翻压还田。
4～6	秸秆过腹或粉碎配施促腐菌肥（每亩3～5kg）翻压还田；冬种紫云英或油菜，并在盛花期翻压还田；有机无机肥配施。	秸秆过腹或粉碎配施促腐菌肥（每亩3～5kg）翻压还田；冬种紫云英、油菜，并在盛花期翻压还田；有机无机肥配施。	秸秆过腹或粉碎配施促腐菌肥（每亩3～5kg）翻压还田；水稻套种红萍，冬种紫云英或油菜，并在盛花期翻压还田；有机无机肥配施。	秸秆过腹或粉碎配施促腐菌肥（每亩3～5kg）翻压还田；冬施紫云英或盛花期翻压还田；有机无机肥配施。
7～9	1) 针对养分偏低问题，实施秸秆粉碎配施促腐菌肥（每亩3～5kg）翻压还田，过腹或堆沤翻压施有机肥（每亩500～800kg）。2) 针对冷潜型问题，实施开沟排水，晒田。3) 针对耕层浅薄问题，实施秋翻春耙，深松整地。	1) 针对养分偏低问题，实施早稻或一季稻秸秆粉碎配施促腐菌肥（每亩3～5kg）翻压还田，晚稻秸秆留高茬（40～60cm）或覆盖还田，冬种紫云英、油菜，并在盛花期翻压还田；增施有机肥（每亩50～800kg）。2) 针对pH较低问题，每隔3～5年施用一次石灰（每亩50～100kg），强酸性土壤适当增加用量和频次或施用合理的酸化改良剂。3) 针对土壤缺钙问题，实施开沟排水，冬耕晒垡，增施氧化钙（每亩30～50kg）。	1) 针对养分偏低问题，实施早稻或一季稻秸秆粉碎配施促腐菌肥（每亩3～5kg）翻压还田，晚稻秸秆留高茬（40～60cm）或覆盖还田，冬种紫云英、油菜，并在盛花期翻压还田；增施有机肥（每亩800～1000kg）。2) 针对pH较低问题，每隔3～5年施用1次石灰（每亩50～100kg），强酸性土壤适当增加用量和频次或施用合理的酸化改良剂。3) 针对土壤磷利用率较低问题，增施钙镁磷肥（每亩25～50kg）；4) 针对耕层浅薄重问题，每隔5年进行1次粉垄耕作。	1) 针对养分偏低问题，实施秸秆粉碎配施促腐菌肥（每亩3～5kg）翻压还田；冬种紫云英，并在盛花期翻压还田；有机肥（每亩800～1000kg）。2) 针对pH较低问题，每隔3～5年施用1次石灰（每亩50～100kg），强酸性土壤适当增加用量和频次或施用合理的酸化改良剂。3) 针对耕层浅薄重问题，每隔5年进行1次粉垄耕作。

注：4～9级水稻土在培肥和改良技术的基础上，参照闫向等（2018）的方法进行推荐施肥。

表 12-6 东北二级区水稻土培肥改良技术

分级	区域	松嫩—三江平原农业区	长白山地林农区	辽宁平原丘陵农林区
1		维持当前管理措施。		
2		秸秆过腹或粉碎配施促腐菌肥（每亩3~5kg）翻压还田。		
3				
4				
5		秸秆过腹或粉碎配施促腐菌肥（每亩3~5kg）翻压还田；有机无机肥配施。		
6				
7		1）针对养分偏低问题，实施秸秆粉碎配施促腐菌肥（每亩3~5kg）翻压还田；秸秆过腹或堆沤翻压还田；增施有机肥（每亩500~800kg）。 2）针对冷潜问题，实施开沟排水、晒田；秋翻春耙。	1）针对养分偏低问题，实施秸秆粉碎配施促腐菌肥（每亩3~5kg）翻压还田；秸秆过腹或堆沤翻压还田；增施有机肥（每亩500~800kg）。 2）针对耕层较浅问题，实施土壤深松整地，秋翻春耙。	1）针对养分偏低问题，实施秸秆粉碎配施促腐菌肥（每亩3~5kg）翻压还田；秸秆过腹或堆沤翻压还田；增施有机肥（每亩500~800kg）。 2）针对耕层松浅问题，实施土壤深松整地，秋翻春耙。
8				
9				

注：4~9级水稻土在培肥和改良技术的基础上，参照何萍等（2018）的方法进行推荐施肥。

表12-7 长江中下游二级水稻土培肥改良技术

分级 \ 区域	长江下游平原丘陵农畜水产区	鄂豫皖低山平原农林区	长江中游平原农林水产区	江南丘陵山地农林区	浙闽丘陵山地林农区	南岭丘陵山地林农区
1	维持当前管理措施。					
2	秸秆过腹或粉碎配施促腐菌肥（每亩3~5kg）翻压还田。					
3						
4	秸秆过腹或粉碎配施促腐菌肥（每亩3~5kg）翻压还田；冬种紫云英或油菜，并在盛花期翻压还田；有机无机肥配施。					
5						
6						
7	1) 针对养分偏低问题，开展早稻或一季早稻配施腐菌肥（每亩3~5kg）促腐秸秆还田；冬种紫云英或油菜，并在盛花期翻压还田；增施有机肥（每亩500~800kg）。 2) 针对潜育化问题，实施开沟排水，冬耕晒阀，增施过氧化钙（每亩30~50kg）。	1) 针对养分偏低问题，开展早稻配施腐菌肥（每亩3~5kg）促腐秸秆还田或炭化还田；冬种紫云英或油菜，并在盛花期翻压还田；增施有机肥（每亩500~800kg）。 2) 针对潜育化问题，实施开沟排水，冬耕晒阀，增施过氧化钙（每亩30~50kg）。	1) 针对养分偏低问题，开展早稻或一季早稻配施腐菌肥（每亩3~5kg）促腐秸秆还田或炭化还田；冬种紫云英或油菜，并在盛花期翻压还田；增施有机肥（每亩500~800kg）。 2) 针对pH较低问题，开展每隔3~5年施用1次石灰（每亩50~100kg），强酸性土壤适当增加用量合理利用的酸化改良剂。 3) 针对潜育化问题，实施开沟排水，冬耕晒阀，增施过氧化钙（每亩30~50kg）。	1) 针对养分偏低一季稻问题，开展早稻配施腐菌肥（每亩3~5kg）促腐秸秆留高茬（40~60cm）或覆盖还田；冬种紫云英或油菜，并在盛花期翻压还田；增施有机肥（每亩500~800kg）。 2) 针对pH较低问题，开展每隔3~5年施用1次石灰（每亩50~100kg），强酸性土壤适当施用合理改良剂。 3) 针对潜育化问题，实施开沟排水，冬耕晒阀，增施过氧化钙（每亩30~50kg）。	1) 针对养分偏低一季稻问题，开展早稻配施腐菌肥（每亩3~5kg）促腐秸秆留高茬（40~60cm）或覆盖还田；冬种紫云英或油菜，并在盛花期翻压还田；增施有机肥（每亩500~800kg）。 2) 针对有机质偏低问题，开展冬种盛花期翻压还田。 3) 针对潜育排水；开展开沟排水，冬耕晒阀（每亩30~50kg）。	1) 针对养分偏低一季稻问题，开展早稻配施腐菌肥（每亩3~5kg）促腐秸秆留高茬（40~60cm）或覆盖还田；冬种紫云英苕子，并施有机肥（每亩500~800kg）。 2) 针对pH较低问题，开展每隔3~5年施用1次石灰（每亩50~100kg），强酸性土壤适当增施钙和硫化。 3) 针对潜育水；冬耕晒阀，实施过氧化钙（每亩30~50kg）；增施过氧化钙（每亩30~50kg）。
8						
9						

注：4~9级水稻土在培肥和改良技术的基础上，参照向萍等（2018）的方法进行推荐施肥。

表12-8 华南二级区水稻土培肥改良技术

区域分级	闽南粤中农林水产区	粤西桂南农林区	滇南农林区	琼雷及南海诸岛农林区
1	维持当前管理措施。			
2	秸秆过腹或粉碎施促腐菌肥（每亩3~5kg）翻压还田。			
3	秸秆过腹或粉碎施促腐菌肥（每亩3~5kg）翻压还田；水稻套种红萍；冬种紫云英或油菜，并在盛花期翻压还田；有机无机肥配施。			
4				
5				
6				
7	1) 针对养分偏低问题，开展早稻或一季稻秸秆配施菌肥（每亩3~5kg）促腐还田，晚稻秸秆留高茬（40~60cm）或覆盖还田；冬种紫云英，并在盛花期翻压还田；增施有机肥（每亩500~800kg）。	1) 针对养分偏低问题，开展早稻或一季稻秸秆配施菌肥（每亩3~5kg）促腐还田，晚稻秸秆留高茬（40~60cm）或覆盖还田；冬种紫云英，并在盛花期翻压还田；增施有机肥（每亩500~800kg）。	1) 针对养分偏低问题，开展早稻或一季稻秸秆配施菌肥（每亩3~5kg）促腐还田，晚稻秸秆留高茬（40~60cm）或覆盖还田；冬种紫云英或油菜，并在盛花期翻压还田；增施有机肥（每亩500~800kg）。	1) 针对养分偏低问题，开展早稻或一季稻秸秆配施菌肥（每亩3~5kg）促腐还田，晚稻秸秆留高茬（40~60cm）或覆盖还田；冬种紫云英或油菜，并在盛花期翻压还田；增施有机肥（每亩500~800kg）。
8	2) 针对pH较低问题，每隔3~5年施用1次石灰（每亩50~100kg），强酸性土壤适当增加用量和频次增施的酸化良剂。	2) 针对pH较低问题，每隔3~5年施用1次石灰（每亩50~100kg），强酸性土壤适当增加用量和频次增施的酸化良剂。	2) 针对pH较低问题，每隔3~5年施用1次石灰（每亩50~100kg），强酸性土壤适当增加用量和频次增施的酸化良剂。	2) 针对pH较低问题，每隔3~5年施用1次石灰（每亩50~100kg），强酸性土壤适当增加用量和频次增施的酸化良剂。
9	3) 针对磷素利用率较低问题，增施钙镁磷肥（每亩25~50kg）。	3) 针对耕层黏重问题，每5年进行1次粉垄耕作。	3) 针对磷素利用率较低问题，增施钙镁磷肥（每亩15~30kg）。	3) 针对磷素利用率较低问题，增施钙镁磷肥（每亩25~50kg）。

注：4~9级水稻土在培肥和改良技术的基础上，参照向萍等（2018）的方法进行推荐施肥。

表 12-9　西南二级区水稻土培肥改良技术

分级	秦岭大巴山林农区	四川盆地农林区	渝鄂湘黔边境山地林农牧区	黔桂高原山地林农牧区	川滇高原山地农林牧区
1	维持当前管理措施。				
2	秸秆过腹或粉碎配施促腐菌肥（每亩3~5kg）翻压还田。				
3					
4					
5	秸秆过腹或粉碎配施促腐菌肥（每亩3~5kg）翻压还田；冬种紫云英或油菜，并在盛花期翻压还田；有机无机肥配施。				
6					
7	1）针对养分偏低问题，开展秸秆过腹或粉碎配施促腐菌肥（每亩3~5kg）翻压还田；冬种紫云英或油菜，并在盛花期翻压还田；增施有机肥（每亩600~1000kg）。 2）针对土壤pH较低问题，每隔3~5年施用1次石灰（每亩50~100kg），强酸性土壤适当增加用量和频次或施用合理的酸化改良剂。	1）针对养分偏低问题，开展秸秆过腹或粉碎配施促腐菌肥（每亩3~5kg）翻压还田；冬种紫云英或油菜，并在盛花期翻压还田；增施有机肥（每亩500~800kg）。 2）针对土壤pH较低问题，每隔3~5年施用1次石灰（每亩50~120kg），强酸性土壤适当增加用量和频次或施用合理的酸化改良剂。			
8			1）针对养分偏低问题，开展秸秆过腹或粉碎配施促腐菌肥（每亩3~5kg）翻压还田；冬种紫云英或油菜，并在盛花期翻压还田；增施有机肥（每亩600~1000kg）。 2）针对土壤pH较低问题，每隔3~5年施用1次石灰（每亩50~100kg），强酸性土壤适当增加用量和频次或施用合理的酸化改良剂。	1）针对养分偏低问题，开展秸秆过腹或粉碎配施促腐菌肥（每亩3~5kg）翻压还田；冬种紫云英或油菜，并在盛花期翻压还田；增施有机肥（每亩600~1000kg）。 2）针对土壤pH较低问题，每隔3~5年施用1次石灰（每亩50~100kg），强酸性土壤适当增加用量和频次或施用合理的酸化改良剂。 3）针对耕层黏重问题，每隔5年进行1次粉垄耕作。	
9					1）针对养分偏低问题，开展秸秆过腹或粉碎配施促腐菌肥（每亩3~5kg）；翻压还田；冬种紫云英或油菜，并在盛花期翻压还田；增施有机肥（每亩600~1000kg）。 2）针对土壤pH较低问题，每隔3~5年施用1次石灰（每亩50~100kg），强酸性土壤适当增加用量和频次或施用合理的酸化改良剂。 3）针对潜育化问题，实施冬耕晒垡，增施过氧化钙（每亩30~50kg）。

注：4~9级水稻土在培肥和改良技术的基础上，参照何萍等（2018）的方法进行推荐施肥。

多点位的应用结果显示（表 12 - 10），结合综合肥力指数与相对产量获得的地力等级较为合理，且不同水稻种植区的结果差异较为明显。

表 12 - 10　典型稻作区地力分级应用实例

点位	序号	容重（g/cm³）	pH	有机质（g/kg）	有效磷（mg/kg）	速效钾（mg/kg）	综合肥力指数	相对产量（%）	地力分级
四川省成都市简阳市	1	1.30	6.65	29.80	9.23	76.90	0.69	86.80	1
江苏省淮安市淮安区	2	1.20	6.85	19.22	10.80	105.00	0.57	93.28	1
江苏省常州市武进区	3	1.30	6.55	15.20	9.30	90.00	0.47	84.28	5
湖南省常德市汉寿县	4	1.20	6.30	12.50	9.50	100.00	0.47	87.98	4
安徽省滁州市凤阳县	5	1.30	6.60	22.95	22.90	189.00	0.81	85.01	1
黑龙江省哈尔滨市方正县	6	1.07	6.84	22.73	8.61	82.66	0.66	93.92	4
黑龙江省哈尔滨市方正县	7	1.05	6.95	22.81	9.09	78.95	0.67	94.55	4
黑龙江省哈尔滨市方正县	8	1.07	7.22	23.26	11.85	72.89	0.69	87.18	4
黑龙江省哈尔滨市方正县	9	0.99	6.73	25.14	11.06	75.71	0.67	95.96	4
黑龙江省哈尔滨市方正县	10	0.99	6.79	24.73	13.81	73.58	0.67	93.44	4
黑龙江省哈尔滨市方正县	11	1.12	6.99	24.79	15.13	68.48	0.67	96.42	4

（续）

点位	序号	容重 （g/cm³）	pH	有机质 （g/kg）	有效磷 （mg/kg）	速效钾 （mg/kg）	综合肥力 指数	相对产量 （%）	地力 分级
黑龙江省哈尔滨市 方正县	12	1.02	7.08	26.21	18.77	62.56	0.70	96.78	4
黑龙江省哈尔滨市 方正县	13	0.95	7.22	25.97	30.19	66.83	0.77	96.27	4
黑龙江省哈尔滨市 五常市	14	0.97	7.17	23.62	22.80	67.58	0.73	93.67	4
黑龙江省哈尔滨市 五常市	15	1.38	5.80	42.70	28.20	150.00	0.79	63.76	6
黑龙江省哈尔滨市 五常市	16	1.43	6.00	41.10	31.30	160.00	0.82	84.45	2
黑龙江省哈尔滨市 五常市	17	1.39	6.10	44.10	33.10	188.70	0.92	92.34	1
黑龙江省哈尔滨市 五常市	18	1.44	6.50	33.70	28.20	150.00	0.81	48.48	3
黑龙江省哈尔滨市 五常市	19	1.45	6.00	36.10	31.30	160.00	0.79	85.34	4
黑龙江省哈尔滨市 五常市	20	1.47	5.60	38.80	35.40	247.70	0.96	93.11	1
黑龙江省哈尔滨市 五常市	21	1.39	5.70	38.70	34.70	229.00	0.95	89.04	1
黑龙江省佳木斯市 桦川县	22	1.43	6.10	37.80	33.10	186.70	0.88	97.54	1
黑龙江省佳木斯市 桦川县	23	1.44	5.90	36.70	39.80	175.00	0.84	91.51	1
黑龙江省佳木斯市 桦川县	24	1.38	5.80	38.82	37.60	162.80	0.82	86.41	1

（续）

点位	序号	容重 (g/cm³)	pH	有机质 (g/kg)	有效磷 (mg/kg)	速效钾 (mg/kg)	综合肥力指数	相对产量 (%)	地力分级
黑龙江省佳木斯市桦川县	25	1.42	5.90	39.95	43.20	209.60	0.95	89.73	1
黑龙江省佳木斯市桦川县	26	1.45	5.70	40.54	41.10	215.40	0.93	90.34	1
黑龙江省佳木斯市桦川县	27	1.39	5.90	40.01	43.90	210.50	0.96	93.14	1
黑龙江省佳木斯市桦川县	28	1.42	6.00	40.46	42.70	219.40	0.99	91.23	1
江西省南昌市进贤县	29	1.18	4.40	12.30	28.40	88.00	0.43	74.02	5
江西省南昌市进贤县	30	1.19	4.50	27.50	68.50	143.00	0.95	93.89	1
江西省南昌市进贤县	31	1.17	4.60	35.20	12.80	179.00	0.59	76.94	2
江西省南昌市进贤县	32	1.31	4.70	24.60	10.96	126.00	0.42	91.34	4
江西省鹰潭市余江区	33	1.31	4.80	23.10	5.70	105.00	0.34	67.09	6
江西省鹰潭市余江区	34	1.20	5.50	23.20	10.90	145.00	0.54	83.68	2
江西省鹰潭市余江区	35	1.20	5.50	30.00	3.50	85.70	0.39	89.33	4
江西省抚州市金溪县	36	1.44	5.52	33.20	28.70	125.40	0.67	88.42	2
江西省抚州市金溪县	37	1.12	5.57	17.62	2.60	47.00	0.27	55.61	9

第三节　水稻土地力快速评价方法

一、软件设计

　　水稻土地力评价软件能够通过调取手机自带 GPS 定位系统获取当前所在位置的经纬度，根据用户填入当前所在位置的信息和当前土壤各项指标的值，后台会根据所填入指标的值调用相应的算法进行计算，完成对土壤综合肥力指数的计算。考虑到各个农户和科研人员掌握数据量的不统一，我们在本次地力评价方法中设置了不同数据量的计算结果，并对结果进行了准确度评价。

　　为方便用户准确实现对水稻土壤肥沃程度的掌握，该软件通过界面方式给出了软件使用说明的详细介绍，包括名称、研发单位、研发人员、联系人等详细介绍，用户可填入相关的输入框信息，然后点击下一步直到计算结果页面。为了使水稻土地力评价软件更加容易使用，主要设计了 4 个页面，方便用户录入各项信息。本软件类似一个工具，操作方便、功能简单、人机交互效率高。

　　该软件系统功能框如图 12 - 3 所示，田块信息录入流程如图 12 - 4 所示，综合肥力指数算法实现流程如图 12 - 5 所示，结果准确度评价流程如图 12 - 6 所示。

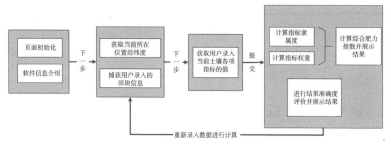

图 12 - 3　系统功能框架

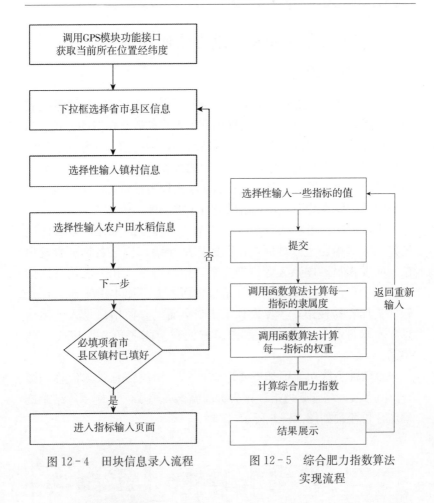

图 12-4　田块信息录入流程　　　图 12-5　综合肥力指数算法实现流程

二、实现功能

水稻土地力评价软件实现了如下功能：

（1）为了使用方便，该软件调用手机自带的 GPS 模块功能接口，可以显示当前所在位置的经纬度信息，还能让用户选择性输入所在位置的田块信息。

（2）实现了对土壤地力的灵活评价，用户可选择性输入一些土

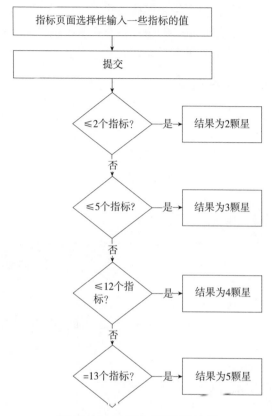

图 12-6　结果准确度评价流程

壤指标，灵活地实现了对土壤地力的评价。

（3）能够提供人性化的人机界面，并对各个功能提供图形化的操作控件，大大提高了人机交互效率。

（4）该软件通过界面方式给出了软件使用介绍，包括软件功能、适用范围、研发单位、研发人员、联系人等介绍，提供了友好的输入界面，并对输入数据类型进行了限制和校验，提高了用户的可操作性，功能简单。

（5）本软件根据研究成果，实现了对土壤各个指标的隶属度计算和相关权重系数的计算，再根据综合肥力指数研究的算法，实现了地力等级的计算，使得结果准确可靠。

（6）能够根据用户输入的指标，对结果准确度进行评价，大大提高了土壤地力评估结果的可靠性。

三、软件使用说明

(一) 系统设置

安装环境：

硬件环境：各类 Android 手机或者平板。

软件运行环境：Android2.2 及以上版本。

编程环境：Eclipse。

编程语言：Java、Xml。

安装步骤：

（1）手机或平板上安装 Android 操作系统。

（2）在 Android 手机或平板上运行 SoilRate _ App _ 1 _ 0. apk，完成软件的安装。

(二) 使用说明

1. 用户使用界面　水稻土地力软件是根据土壤肥力评价研究成果开发的一个对水稻土壤地力评价的工具。为了增强用户体验，本软件分为软件介绍、当前所在位置田块信息录入、土壤各个指标录入和结果展示 4 个页面。其中软件使用介绍包括软件功能、适用范围、研发单位、研发人员、联系人、介绍，明确了软件具体功能，用户可通过点击软件图标进入软件初始页面，如图 12-7 所示。

图 12-7　水稻土地力评价软件初始界面

2. 田块信息录入功能　从初始界面点击下一步来到田块信息录入界面，首先在田块信息界面初始化的时候，软件会调用手机自带的 GPS 模块功能接口获取当前所在位置的经纬度信息，然后用户需要输入所在位置的省市县区镇村的详细信息，也可选择性输入农户名田块等信息，当用户点击下一步提交时，系统会对必填项进行校验，如图 12 - 8 和图 12 - 9 所示。

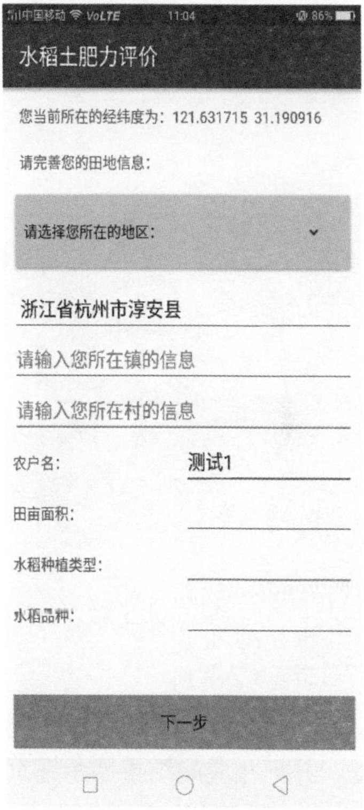

图 12 - 8　田块信息录入界面 1 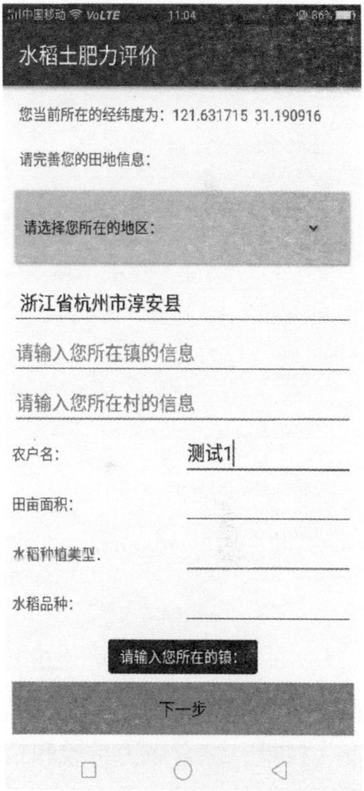　　　　图 12 - 9　田块信息录入界面 2

3. 水稻土壤指标录入功能　水稻土壤肥力评价软件获取田块录入信息后，进入指标录入界面，用户可选择性地录入一些水稻土壤的指标，然后点击提交按钮（图 12 - 10）。

4. 综合肥力指数计算及结果准确度评价功能　当用户输入水

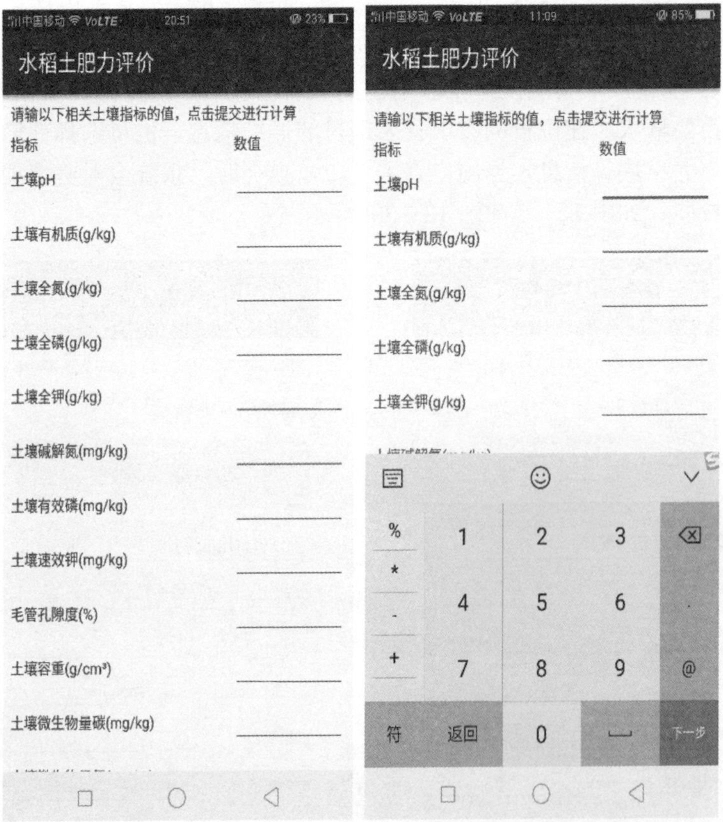

a指标录入界面   b指标录入界面

图 12-10　水稻土壤土肥力评价指标录入界面

稻土壤指标点击提交后，后台会调用相关的算法程序去计算隶属度、权重、综合肥力指数和结果准确度，并把相应的结果展示在页面上，软件界面如图 12-11 所示。

a 数据录入界面　　　　　b 结果展示界面

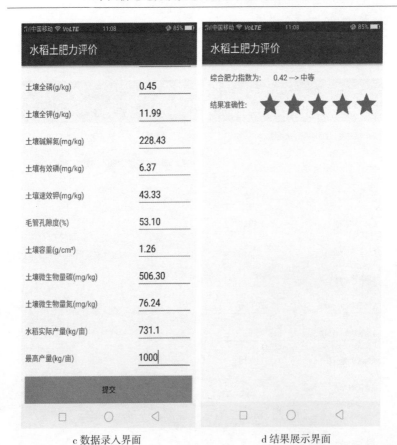

c 数据录入界面   d 结果展示界面

图 12 - 11　水稻土壤肥力评价软件结果界面

参考文献

何萍，等 . 2018. 基于产量反应和农学效率的作物推荐施肥方法 ［M］. 北京：
　科学出版社 .

徐建明，等 . 2010. 土壤质量指标与评价 ［M］. 北京：科学出版社 .

周卫，等 . 2014. 低产水稻土改良与管理理论方法技术 ［M］. 北京：科学出版社 .

第十三章

水稻土地力培育的思考和建议

第一节 提升监测平台功能

一、加强水稻土酸化监测平台建设，为全国水稻土酸化治理提供数据支撑

以水稻为对象，选择 10～20 个有代表性的点位，围绕水稻土酸化演变，在土壤 pH 监测的基础上，深入开展土壤交换性酸、交换性氢、交换性铝等含量动态采样分析。建议按照土壤酸化程度分 3 个等级（强酸、中酸、弱酸），每个等级选择 3～5 个点进行动态监测，以水稻为例，可以选择施肥后 3～5d，淹水期、干湿交替期、成熟期、休闲期。

二、加强水稻土墒情的数据收集，为应对季节性干旱提供技术参考

以南方水稻土为对象，选择 5～10 个点位，通过安装 EM50 土壤温湿度传感器，动态监测耕层土壤的含水量、温度和电导率，并结合降水、气温等气候数据，搭建坡耕地的土壤墒情数据集，系统整编南方稻作区季节性干旱期的土壤墒情，为干旱预警和指导抗旱提供技术参考。

三、加强水稻土固碳减排方面的专题研究，为农田土壤碳达峰和碳中和提供理论支撑

针对稻田淹水时间长、秸秆还田量大等因素导致甲烷排放强度

大，丰产、减排、固碳难兼顾的问题，基于典型区域特征，依托长期定位监测平台和高产示范基地，对水稻丰产、甲烷减排和固碳等现有技术及产品进行优化与集成，分类构建适宜不同地力稻田丰产增效的减排固碳模式并进行示范。

（一）丰产低甲烷排放水稻品种筛选

参考当地水稻丰产水平，兼顾杂交稻和常规稻，吸纳本项目减排固碳与丰产增效协同的相关理论成果和共性关键技术与产品，选择近3年主推品种。在长期定位监测平台和核心示范基地，通过监测田间甲烷排放通量，明确甲烷排放关键时期、调控参数与品种丰产特性的关系，筛选出丰产低甲烷排放水稻品种。

（二）稻田碳汇提升和甲烷减排产品与丰产增效技术筛选

依托长期施肥/耕作定位试验平台，筛选适应高、中、低不同地力水平的秸秆腐解菌、甲烷氧化菌等单一或复合型菌种，重点研究具有秸秆促腐和甲烷抑制功能的复合功能菌种的协同效应。在核心试验基地，对现有（秸秆炭、秸秆腐解菌剂、缓释过氧化钙、脲酶抑制剂及土壤酸化改良调理剂）减排固碳和丰产减排的共性关键技术和产品，基于不同地力等级，进行适应性筛选、改进及组配。结合碳汇水平和甲烷排放特征，对上述甲烷减排产品和减排固碳及丰产增效技术进行验证。

（三）稻田减排固碳的丰产增效技术优化

基于筛选及研发的减排固碳系列产品和丰产增效技术，在核心示范基地，根据高、中、低地力水平，分类集成秸秆催腐、生物炭、冬闲季绿肥适产等增碳技术，缓释过氧化钙、晚稻季压草浅旋耕、增密减氮、控水增氧、石灰调酸等减排技术，结合水肥精准调控和优化耕作等措施，进行稻田丰产、固碳与甲烷减排协同技术的优化与创新。综合土壤有机碳、酸碱度、氧化还原电位、土壤养分等因子，遴选表征不同地力水平土壤碳汇提升和甲烷减排协同的关键参数。

四、加强水稻土健康评价方法与标准体系建设，为水稻土资源可持续利用提供基础支撑

(一)创新水稻土健康监测评价指标体系和标准

基于稻田长期定位试验点网及区域调查，解析不同稻田肥力水平和污染程度下，新旧污染物赋存形态及其成因、稻田质量退化现状及生态功能特点，采用机器学习和经验模型等方法，筛选并验证能快速准确预测稻田土壤健康水平的土壤物理、化学、生物学等敏感指标，建立典型区域稻田土壤健康监测与预警体系、评价指标体系和标准。

(二)研发水稻土健康和生态功能协同提升的关键技术与产品

基于典型区域稻田健康评价指标体系和标准，结合不同区域稻田健康指标权重，研创稻田健康的分子检测与诊断技术，明确制约稻田健康提升的关键因子，研发新旧污染物障碍消减、生态功能优化、产能提升的耕地健康定向培育产品，进一步依据不同稻田肥力水平和污染程度，分区分类构建稻田健康与生态功能协同提升的关键技术。

(三)典型区域稻田健康定向培育关键技术模式集成与示范

根据稻田健康状况，针对高产能健康和高产能亚健康田、中低产能健康和中低产能亚健康田，通过集成畜禽粪污无害化还田、肥沃耕层构建、酸化调理剂、轮作复种、除草剂及抗生素污染强化降解等健康稻田提升技术并验证，分区分类构建健康稻田定向培育模式，联合地方政府、农技推广部门及专业合作社，构建"政产学研用"五位一体的示范推广模式。

第二节　加强水稻土地力与水稻产量协同关系研究

一、加强土壤地力对水稻产量贡献的相关研究

土壤对粮食的贡献率可以用基础地力来表征，即在特定的立地条件、土壤剖面理化性状、农田基础设施建设水平下，旱地在无水肥投入、水田在无养分投入时的土壤生产能力。理论上讲，基础地

力越高，作物对化肥的依赖程度越低，作物生长和产量的主要动力来源于土壤中的养分供给。

大量研究表明，利用地力贡献率统计模型可以较好地评估土壤基础地力变化。因此，本研究收集 2015 年不同区域的经纬度和土壤肥力属性（表 13-1、表 13-2），计算了 2015 年全国的土壤基础地力。图 13-1 结果表明，在当前的土壤情况下，除了北方单季稻的基础地力贡献率低于 50% 之外，其余区域的基础地力贡献率均高于 50%，其中南方单季稻、早稻（70% 左右）明显高于晚稻（60%）。

表 13-1　不同作物和种植区域土壤基础地力贡献率统计模型

代表地区	作物和种植区域	方程
哈尔滨方正县	北方单季稻	$y=118.9-1.74x_2^2-0.47x_5x_6+3.13\times10^{-3}x_5x_6x_7$
江苏常熟	南方单季稻	$y=52.4+0.22x_4+0.48x_6$
江西进贤	早稻	$y=-157.6+1.92x_1-6.67x_5+0.69x_6$
	晚稻	$y=-5.97+2.08x_2+7.77\times10^{-3}x_6x_7$

表 13-2　2015 年不同作物和种植区域代表点位的经纬度和土壤肥力属性

变量	指标	哈尔滨方正县	江苏常熟	江西进贤	
		北方单季稻	南方单季稻	早稻	晚稻
x_1	经度（°）	128	120	116	116
x_2	纬度（°）	45	31	28	28
x_3	土壤有机质（g/kg）	27.2	31.15	25.05	26.05
x_4	黏粒（%）	18.82	31.07	23.1	24.03
x_5	土壤全氮（g/kg）	2.61	1.86	1.51	2.04
x_6	土壤速效磷（mg/kg）	31.6	20	21.00	19.15
x_7	土壤速效钾（mg/kg）	118	152	76.16	53.77

考虑到合理施肥、耕作、秸秆还田和绿肥种植等的原因，各区域的土壤有机质和氮磷钾含量平均增加 15%（表 13-3），其土壤基础地力贡献率预测结果见图 13-2。结果显示，不同作物和种植区域在 2035 年的基础地力贡献率变化与 2015 年的略有不同，以北方单季的基础地力贡献率最低，而其余点位的基础地力贡献率均在 60%～70% 之间。

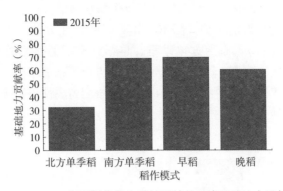

图 13 - 1 　2015 年不同作物和种植区域的土壤基础地力贡献率

表 13 - 3　2035 年不同作物和种植区域代表点位的经纬度和
**　　　　　预测的土壤肥力属性**

变量	指标	北方单季稻	南方单季稻	早稻	晚稻
x_1	经度（°）	128	120	116	116
x_2	纬度（°）	45	31	28	28
x_3	土壤有机质（g/kg）	31.28	35.822 5	28.807 5	29.957 5
x_4	黏粒（%）	18.82	31.07	23.1	24.03
x_5	土壤全氮（g/kg）	3.001 5	2.139	1.736 5	2.346
x_6	土壤速效磷（mg/kg）	36.34	23	24.15	22.022 5
x_7	土壤速效钾（mg/kg）	135.7	174.8	87.578 25	61.835 5

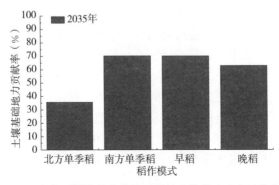

图 13 - 2 　2035 年不同作物和种植区域的土壤基础地力贡献率预测值

与 2015 年相比，2035 年大多数作物和种植区域的土壤基础地力贡献率均呈增加趋势（图 13-3）。其中，北方单季稻的增幅最高（10%左右），而南方单季稻、早稻、晚稻的增幅较小（低于4%），这主要与 2015 年和 2035 年中北方单季稻的基础地力均明显低于南方单季稻、早稻和晚稻，调控土壤肥力属性可以快速提高其土壤基础地力有关。

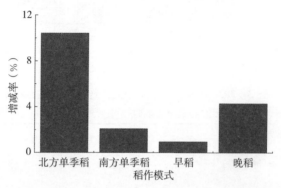

图 13-3 2015 和 2035 年土壤基础地力贡献率比较

二、开展水稻土肥力要素综合评价分析和探讨，为精准指导耕地肥力培育提供参考

土壤肥力质量是衡量土壤能够提供作物生长所需各种养分能力的重要指标。以往的研究主要通过 Fuzzy、全量数据集、最小数据集等方法对土壤肥力指标进行加权，进而采用土壤肥力质量指数来量化土壤肥力水平。目前的研究主要集中在土壤肥力质量评价方法的比较及其在不同土壤类型的适应性上，但也有研究关注土壤肥力质量与作物产量及产量稳定性的相互关系，然而这些研究仅仅表明土壤肥力质量指数与作物产量及产量稳定性具有显著关系，却缺乏对土壤肥力质量指数与作物产量的量化关系进行验证，且点位较少，对于区域的指导性不强。拟基于全省的监测数据，以水稻土为重点，在多年土壤肥力数据库的基础上，采用 Fuzzy 方法对土壤肥力质量指数进行计算，构建近 30 年来全国及各区域水稻土土壤肥

力质量指数与水稻相对产量的量化关系，并进一步结合近 3 年的数据对土壤肥力质量指数和相对产量的量化关系进行验证，以期明确土壤肥力质量评价对水稻生产的指导意义。

三、探讨水稻土肥力要素与作物产量的协同关系研究，为支撑全国水稻生产提供理论依据

肥力要素是影响水稻产量的重要指标。大量研究表明，土壤有机质和氮磷钾等肥力要素与水稻产量存在显著的量化关系，但不同研究关于各肥力要素与水稻产量的量化关系存在较大差异，从而限制了肥力要素在评估水稻产量方面的应用。拟利用全国 30 年来的监测数据，重点围绕水稻，系统分析全国及不同区域水稻土有机质、速效氮磷钾与水稻产量的相关关系，并进行验证分析，从而为指导各地的水稻生产提供技术参考。

第三节　强化稻田物理性质和微生物研究

一、加强土壤稻田物理相关指标的探究，为稻田物理肥力精准评估提供依据

土壤物理性质包括土壤强度、土壤通气性、土壤水分、土壤温度等，对作物生长影响显著。为综合评价适宜作物生长的土壤物理状况，土壤物理学者提出了土壤物理质量的概念。土壤物理质量受耕作方式影响深刻，耕作不但改变了土壤结构，而且改变了土壤强度、土壤水分和土壤通气性等。土壤物理质量评价主要利用与土壤—植物—大气中的物质能量交换有关的土壤物理性质或指标体系来进行。

我国幅员广大，地形起伏差异大，气候类型多样，土壤类型和植被类型最为丰富，农业农村部耕地质量监测体系为我国土壤物理质量评价发展提供了得天独厚的资源。东北黑土退化、黄土高原侵蚀与水分承载力、华北和西北水资源匮乏与盐渍化、青藏高原寒区水土过程、黄淮平原中低产田改良、南方红壤侵蚀与季节性干旱、西南喀斯特石漠化和干旱、滨海带盐碱滩涂综合治理等，这些区域

特征为我国土壤物理质量评价提供了天然的野外研究平台。因此，应加强土壤物理性质相关指标的监测。土壤物理性质包括土壤颗粒组成、结构、水分和温度等基本土壤性状以及水分和溶质运移的物理化学过程。土壤容重、质地、团粒结构、孔隙和持水特性等是较为常用的物理指标，在土壤物理性状研究和土壤质量评价中应用较为广泛。同时还可以借助显微镜、电子显微镜、扫描电镜和断层射线扫描等定量描述土壤结构特征的新技术与新方法，解析不同生态区域土壤团粒结构形成、演变与功能，土壤物理健康与作物生长的耦合关系，研发与集成土壤物理健康提升的关键技术体系，开展培育健康土壤，促进现代农业可持续发展。

二、加强土壤稻田微生物相关指标的探究，为稻田生物肥力精准评估提供依据

（1）加强稻田地力演变过程中涉及碳、氮、磷和钾等重要养分物质循环关键功能微生物的筛选与应用研究。土壤中存在大量具有固碳、固氮、解磷和解钾等功能的微生物，上述微生物在稻田土壤中定殖、功能表达和种间协作等过程复杂，目前的观测及研究仍存在不足。开展加强稻田微生物与地力提升的相关研究，不仅能提高稻田地力与健康度，也有助于提高化肥利用率，降低农业面源污染风险。

（2）借助分子生物学方法，进一步加强稻田微生物的长期监测。近年来，以聚合酶链式反应和高通量测序技术为代表的现代分子生物学方法迅猛发展，为快速、低成本获取土壤中微生物群落组成、结构与功能提供了技术基础，为探讨稻田地力提升的生物学基础提供了新的视角，拓宽了稻田地力的生物学内涵。

（3）稻田是农业甲烷排放的主要源，甲烷产生与氧化微生物在稻田甲烷排放过程中扮演主要角色，不仅与区域特征、土壤类型、气候类型和种植模式等因素相关，且与稻田肥力水平也显著关联。不同稻田其地力演化过程中甲烷产生与氧化微生物的群落与功能动态变化规律及限制因子的研究尚不充分。因此，加强稻田微生物研究对深入理解稻田甲烷减排机制，构建稻田甲烷减排模式与技术具有重要意义。